电网企业安全生产系列口袋书

配电线路故障跳闸风险管控

《电网企业安全生产系列口袋书》编写组　编

U0831071

中国电力出版社
CHINA ELECTRIC POWER PRESS

图书在版编目（CIP）数据

配电线路故障跳闸风险管控 /《电网企业安全生产系列口袋书》编写组编．—北京：中国电力出版社，2024.3（2025.12重印）
（电网企业安全生产系列口袋书）
ISBN 978-7-5198-8587-8

Ⅰ．①配… Ⅱ．①电… Ⅲ．①配电线路－安全生产－基本知识 Ⅳ．①TM726

中国国家版本馆 CIP 数据核字（2024）第 026008 号

出版发行：中国电力出版社
地　　址：北京市东城区北京站西街 19 号（邮政编码 100005）
网　　址：http://www.cepp.sgcc.com.cn
责任编辑：周秋慧（010-63412627）
责任校对：黄　蓓　郝军燕
装帧设计：赵姗姗
责任印制：石　雷

印　　刷：北京九天鸿程印刷有限责任公司
版　　次：2024 年 3 月第一版
印　　次：2025 年 12 月北京第三次印刷
开　　本：880 毫米 ×1230 毫米　64 开本
印　　张：1.9375
字　　数：56 千字
印　　数：3501—4500 册
定　　价：20.00 元

版权专有　侵权必究
本书如有印装质量问题，我社营销中心负责退换

内容提要

为加强配电线路故障跳闸风险管控，防范各类安全事故（件），依据国家有关法律法规和公司有关制度标准，特编写本书。本书主要包括名词解释、配电线路故障跳闸防控管理流程、配电线路故障跳闸巡视、故障跳闸分析及管控措施典型案例等内容。本书通俗易懂，小开本设计也方便读者随时学习使用。

本书作为配电线路故障跳闸风险管控必备案头书，也可供现场作业和安全管理人员学习使用。

前　言

电力生产的客观规律和电力在国民经济的特殊地位，决定了电力生产必须坚持“安全第一，预防为主，综合治理”的方针。电力生产具有生产环节多、现场带电设备多、交叉作业多的特点。为更好地帮助现场作业人员提高安全意识、学习安全生产知识、规范作业行为、掌握安全技能，特编写《电网企业安全生产系列口袋书》。

为加强配电线路故障跳闸风险管控，防范各类安全事故（件），依据国家有关法律法规和公司有关制度标准，特编写本书。本书主要包括名词解释、配电线路故障跳闸防控管理流程、配电线路故障跳闸巡视、故障跳闸分析及管控措施典型案例等内容。本书通俗易懂，小开本设计也方便读者随时学习使用。本书由王晴、孙泽浩、王暖、李明宇、李智、曹亮、李毅、赵煜国、吕勇志、徐伟编写。

本书作为配电线路故障跳闸风险管控必备案头书，也可供现场作业和安全管理人员学习使用。

编者

2023 年 10 月

目　录

第一章

名词解释

配电系统：由变电站、配电所、配电变压器及变电站母线以下各级线路、发电厂直配线路，以及进户线和量电设备所组成的在电气上相互连接的不同电压等级的网络系统。配电系统是电力系统的一个组成部分。变电站把来自电力系统的电能，降压成配电所进线电压后供电给配电所，通过配电所进行中压配电或降至低压配电，对用电客户进行持续供电。

配电系统可靠性：供电点到用电客户，包括配电变电站、高低压配电线路及接户线在内的整个配电系统及设备按可接受标准及期望数量满足用电客户电力及电能量需求能力的度量。

配电网：从输电网或地区发电厂接受电能，通过配电设施就地或逐级分配给各类用户的电力网。配电设施包括配电线路、配电所、配电变压器等。配电网按照电网电压等级可分为高压配电网、中压配电网和低压配电网；按所在地域服务对象分类，可分为城市配电网和农村配电网；按配电线路类型分类，可分为架空配电网和电缆配电网。配电网结构形式基本上分为放射式结构和网式结构两大类。网式结构又分为多回线式、环式和网络式三种。配电网必须适应用电负荷的需求，具有充分的配电能力与应付事故的能力，满足供电安全、可靠、经济以及与环境协调等要求。

配电网安全经济运行：以最少的消耗向用电客户提供连续、可靠、安全、质量合格的电力和电能。它具体反映在供电可靠率、配电网降损率、电能质量合格率、低运行维修成本、合理电价和用电客户满意程度等方面。实现配电网安全经济运行主要工作有：①抓好配电网规划和设计，合理选用节能型变压器和可靠的电气设备，降低配电网损耗；②科学安排配电设备的检修，积极开展带电作业以减少检修停电，提高配电网供电可靠性，降低配电网故障率；③优化配电网运行方式，合理进行负荷管理，调整负荷曲线；④提高配电网故障处理速度和质量，及时恢复供电；⑤应用计算机技术建立配电管理系统，能有效地对配电网安全经济运行工作进行综合智能管理。

配电网中性点接地方式：配电网中性点与参考地之间的电气连接方式。它有中性点直接接地、电阻接地、电抗接地、谐振接地和不接地等方式。选择配电网中性点的接地方式时，应考虑配电网在各种运行情况下供电的可靠性，故障时异常电压、异常电流对电气设备的危害，以及对继电保护、信号系统及通信的干扰和影响程度，同时应顾及现有配电网的运行经验、经济比较及系统发展的可能性等。

配电网电压等级：配电网电压等级分为高压配电电压、中压配电电压和低压配电电压。高压配电电压有 35kV、66kV、110kV 三个电压等级；中压配电电压有 10kV（20kV）电压等级；低压配电电压有 380/220V 电压等级。在有的特大城市电网中，220kV 电压也兼有高压配电功能。配电网电压等级的选择应结合电力系统的输电电压及所在供电地区的负荷分布、负荷密度、地区生产和建设发展需要等条件进行确定，它关系到在安全经济运行的条件下向各级用电客户提供充足、合格、不间断的电力，还决定了供电设备所需要的绝缘水平、建设投资、运行费用等。

配电网容载比：配电网设备的额定容量 S_N 与所供年平均最高有功功率 P_{max} 之比，配电网容载比用 R 表示，即 $R=S_N/P_{max}$。配电网容载比可以直观地反映配电网容量与负荷的适配性。

配电自动化：实现对配电网正常运行时的监控和故障时的快速处理，能自动完成故障检测、定位、隔离和非故障区恢复供电，以及过负荷转供和网络优化重构等功能。配电自动化系统由配电自动化主站或子站、各种配电远方终端、专用通信系统、负荷开关分段器、重合器、环网开关柜等组成。

自动重合器：一种自身具有控制和保护功能的高压开关设备。它是由柱上断路器及相应的控制、保护组件等构成的，能够按照预定的顺序在线路中自动执行开断和重合操作，并且在其后（重合于故障或者没有重合于故障）自动闭锁和自动复位。由于重合器本身具备故障电流（包括过电流和接地电流）检测、操作顺序控制与执行功能，无须另外添加继电保护装置和操作部件。自动重合器按照控制的分类，有液压控制重合器和电子控制重合器之分，由于电子控制重合器应用灵活，易配合，适应性强，因此得到了广泛的应用。

环网供电：在不同的变电站或同一变电站不同母线的两回或多回馈线，相互之间连接成一个环路进行供电的方式。一般在环网中串接多座配电所（开关站）。环网可以有单环网络、双环网络、多环网络等不同的形式，环网中配电所（开关站）的供电单元通常可以采取结构简单、价格适宜而性能又能满足要求的负荷开关以及负荷开关与熔断器组合装置的方式来实现。环网供电一般采用开环运行，在特殊的地区也有闭环运行。

环网开关柜：能实现环网供电的一种开关柜。环网开关柜内基本的组件有母线、负荷开关、测量装置、故障指示器、有电显示器、操动机构等。从使用的功能看，可分为线路型、配电变压器型两大类。开关柜可分户内式、户外式，按柜内绝缘介质不同可分为空气型和六氟化硫型，按柜组合的方式可分为各种规定设计的多回路固定组合与可扩展的单回路组合。负荷开关可采用真空、六氟化硫等类型开关。环网开关柜主要使用在配电电缆回路环网中，配合配电自动化可以构成馈线自动化。

配电网无功补偿：调节配电网无功功率供需平衡的措施。用于改善配电网的无功分布，提高电网的功率因数，改善电压质量，降低线路配电电能损失，支撑枢纽点的电压，提高配电网的供电能力。配电网多数采用电容性无功补偿，以补偿电网的感性无功，但是随着电网的发展与电缆网络的增加，在电网轻载时会出现容性无功的过剩，在这种情况下需要配置电感性的无功设备（如电抗器类的设备）来抵消容性无功。配电网的无功补偿可采用并联补偿或串联补偿。并联补偿可分为就地补偿、分散补偿、集中补偿等三种基本方式。串联补偿在线路供电半径逐年减小的情况下已经很少应用。

配电网防雷：为防止雷害，保证配电网正常运行所采取的安全措施。由于配电网设备数量多、地域分布广，且配电设施本身的绝缘水平较低，易发生雷害导致设备损坏，导致用电客户停电，有时还会威胁人身安全。配电网应根据设备的重要性采取不同的防雷措施，原则上应做到各台设备有保护，主要措施是加装各种必要的防雷设施（主要是避雷器），以限制雷电过电压对设备的危害。架空线路应采用自动重合闸技术作为补充，在有雷害事故断电后，应迅速恢复线路继续供电，以降低雷电中断供电的影响。

雷击：雷云对大地或雷云之间或雷云内部放电，在设备、建筑物上引起极高电压的现象。雷击分为两种：①直接雷击，指雷云直接对某物体的放电；②感应雷击，指雷云之间放电时，某物体虽然未直接遭受雷击，但因静电感应和电磁感应，而在其上感应出高电压的现象。此外，当架空电力线在远方遭受直接雷击或感应雷击时，导线上的过电压电磁波还将沿着架空线侵入变电站或发电厂。这是直接雷击或感应雷击带来的另一种后果。

雷击跳闸率：架空电力线路在规定长度和规定雷暴日数下雷电事故跳闸的概率。中国有关标准中采用每百千米每 40 个雷暴日的跳闸次数。

雷电过电压：由电力系统外部雷电引起的过电压，又称大气过电压、外部过电压。当雷云中的电荷积聚到雷云与大地之间的空间电场强度超过了空气的绝缘强度时，就会发生雷云对地面的放电现象，即雷击。此时在输电线路或电气设备上形成过电压。雷电过电压可分为直击雷过电压和感应雷过电压。

配电线：由电源中心或由负荷中心的降压变电站或配电所向用电客户分配电能的线路。一般情况下配电线采用架空线路，但在市区由于线路走廊的限制以及景观美化的要求，也采用地下电缆。1kV 及以下的配电线路称为低压配电线，10kV 的配电线路称为中压配电线，35kV、66kV、110kV、220kV 电压等级的配电线路称为高压配电线。高压配电线和中压配电线均为三相三线制。低压配电线多用三相四线制，也有二相三线或单相的。

干线：承担主要负荷或大容量负荷的配电线。它从变（配）电站或配电变压器的低压侧引向供电范围内用户集中的区域。在城市或工业区中，配电线干线沿道路架设，并途经主要的用户。

支线：在配电系统中从干线分支出来的线路。由于配电线干线只能伸展到供电范围内的部分用户，而偏离干线路径的用户只能由干线上分支出来的支线供电，因此，为缩小故障时的停电范围，并且易于区分故障地段与加快恢复供电，配电线的支线可以在分支处装设跌落式熔断器作为故障的区分，还可以利用负荷开关、隔离开关等设施在故障以后切除故障段，便于干线恢复送电。

架空配电线路：电压等级在 110kV 及以下，架设在电杆上或建筑物上专设的线路横担上的供电线路。它主要由导线、绝缘子、横担、杆塔等基本功能部件组成。根据电压等级的不同，可分为高压、中压、低压架空配电线。10kV 架空配电线路沿线支接中压用户、配电变压器以及相邻线路的联络，线路支接点多，因此档距不能太大。

配电架空电缆：配电线路中悬挂在户外电杆上或

建筑物墙体上的带（或不带）有悬挂线的电力电缆。配电架空电缆具有占用空间小、安全性好、不受自然条件限制、进出线无须穿墙套管等优点。配电架空电缆的投资比敷设在地下的电缆低，比绝缘导线架空配电线路高，通常使用在10kV及以下的配电网中，在某些特殊地段（如有走廊限制、防护距离限制等场所）可以适当采用。

杆塔：支撑导线、地线以维持各项电气距离的架空线路构筑物。杆塔常用的材料有角钢、钢管和钢筋混凝土管。钢结构细长者一般称杆型，粗壮者一般称塔型，钢筋混凝土结构常取杆柱型式。传统的铁塔由角钢桁架组成，以后出现了以钢管作为主材或主、辅材全由钢管组成的钢管塔、钢管杆。按照杆塔的功用，杆塔分为直线、转角、直线转角、耐张、终端、换位、跨越、分支（T接）等类型。

配电绝缘金具：供绝缘导线架设用的带绝缘的或全部用绝缘材料制成的金具。用于支持、悬挂或接续绝缘导线，保证绝缘导线架空线路杆塔上的金属带电部分不外露或金属外露部件均不直接与带电导体接触，实现架空配电线路的绝缘化。配电绝缘金具共分为三类：带绝缘罩壳的金具、混合结构金具（即接触导线部分为绝缘材料而承力部分是金属件）、全绝缘材料金具。配电绝缘金具的设计趋向于操作时尽量少用工具，力求安装过程简单，而安装后要保持良好的机械和绝缘性能。

配电变压器：适用于配电系统将高压转换成配电电压的功率，以供各种低压电气设备用电的电力变压器。配电变压器的容量一般在 2500kVA 及以下。10kV 配电变压器在配电系统中应用最为普遍。配电变压器按绝缘介质分为油浸式变压器和干式变压器，另外，高燃点绝缘油以及六氟化硫绝缘配电变压器也开始应用。新投入配电网的配电变压器普遍采用节能型配电变压器。配电变压器的接线组别通常采用星形—星形接法和三角形—星形接法。配电单相变压器，以及接成 V-V 形接线的单相变压器组等也在配电网中得到应用。配电变压器可以安装在电杆上或配电所内，或采用共箱组合式变压器安装在平台上。

配电单相变压器：配电系统中为供给低压单相电力用电客户用电，将相电压（或相间电压）降压到用电客户使用电压的变压器。单相变压器可以单独供电，也可以由三台单相变压器构成三相变压器组供电，其应用比较灵活，而且损耗比同容量的三相变压器小。另外它在用于单独的相间电压降压的过程中，对于受电的中压侧相当于是三角形接线方式，由于不平衡负荷产生的三次谐波将得到有效的抑制，因此得到了普遍应用。

配电电缆分支箱：用于连接两个以上配电电缆终端的封闭箱。它的作用主要是解决配电所面积不足的问题，使一根配电电缆线路能分支供电至多个场所，通常使用在 10kV 及以下的配电网中。配电电缆分支箱一般安装在户外人行道边或绿化带内。近年来，随着城市住宅配电电缆网的发展，住宅配电所通过低压电缆分支箱可以解决一回低压出线为多幢住宅供电的问题，也可以解决一回中压出线向多幢住宅的多台配电变压器供电的问题。

真空断路器：利用真空状态作为灭弧和绝缘的断路器。真空灭弧室为一个玻璃或陶瓷的真空容器，对接式触点密封在其中，金属屏蔽罩置于触点的外面，动触点通过金属波纹管实现与外部机械传动的密封连接。真空断路器能频繁操作、连续开断额定电流万次以上；在额定短路开断电流下也能连续开断数十次甚至上百次。灭弧室部分不需要检修，无火灾危险，因此已在配电系统中广为采用。真空断路器分户内、户外两大类。

柱上断路器：在电杆上安装和操作的断路器。主要用于城市架空配电线路分段区间投、切、控制和保护，也可作为市郊或农村变电站架空线路的投、切、控制和保护使用。

跌落式熔断器：在10kV配电架空线路上使用，当有故障电流通过时熔丝熔断，装有熔丝的管子能自由下落的故障保护装置。它主要用于配电变压器、电容器组、短段电缆线路、架空线路分段或分支线路的故障保护。跌落式熔断器采用瓷质绝缘支柱或有机合成绝缘支柱。关键部件是熔丝管，管子是用层压纸管或玻璃钢管制成的，熔丝组件安装在熔丝管内，依靠作用在熔体的拉力使熔丝管保持在合闸的位置。熔丝管上下各有一动触头，下触头能够使熔丝管上下转动并能悬挂熔丝管，上触头起接触与固定的作用，在熔丝熔断时与静触头脱开，使熔丝管在重力的作用下跌落，因此得名。

高压熔断器：利用串联于电路中的一个或多个熔体，在过负荷电流或短路电流的作用下，于一定的持续时间内熔断切断电路并且电压在1kV以上的熔断器。高压熔断器主要由熔体和本体两部分构成，一般由铅、锡、铜、银等金属按不同熔断时间特性要求组成的合金作为熔体。本体包括安装在熔体外面的纤维管、瓷套管和管座。为在熔断后有明显的标志，当熔体熔断后在熔断器的一端可弹出一指示器作为判断用，另外在与负荷开关组合使用时利用其弹出的力量启动负荷开关跳闸而构成负荷开关－熔断器组合装置。

杆架隔离开关：装在架空线路上用于线路分段隔离并且可以在地面（或登杆到一定的高度）操作的隔离开关。它一般用于 35kV 及以下的配电网中，可作为网络的分割、解环和合环的操作。隔离开关用于隔离与联络，不能开断负荷电流，可以开断与合闸一定数量（规定的）的循环电流。

线路避雷器：使用在线路上，与绝缘子串并联，保护线路绝缘、避免雷电跳闸的避雷器。当雷电过电压超过线路绝缘强度时，线路避雷器放过雷电流，并及时切断工频续流，可以避免线路跳闸。线路避雷器通常使用在高土壤电阻率或雷电活动频繁地区。

瓷横担：用于电力架空线路的圆锥或圆柱形瓷质绝缘子。它除了具有与普通线路绝缘子相同的固定导线和对地绝缘的功能外，还可以全部或部分代替铁质或木质的横担。瓷横担有带金属附件和不带金属附件两种。应用较多的10kV及以上的电压等级的瓷横担都带有固定横担之用的金属附件。采用瓷横担构成的配电线路与采用普通绝缘子架设的配电线路相比，其主要优点是：线路的绝缘水平和耐雷水平较高，事故率低；瓷体易受风雨冲洗，自洁性能好，且不会击穿，更换维护工作量小；施工安装方便，同等杆高时可以提高导线对地距离0.3~2.2m；节约钢材、木材等原材料，可降低单基杆塔的造价。但瓷横担瓷体较长，机械抗弯强度较低，不适用于导线截面和档距较大的线路。

配电不停电作业：确保以客户连续用电为目的的多种不停电方式的作业。可以通过各种技术手段，包括采用有电作业和在隔离带电部位配电设备上进行的无电作业。由于不停电作业的特殊性，更要确保作业人员的人身安全，因此必须高度重视作业人员的素质、操作方法的合理、切换顺序的正确、使用机械的安全可靠、管理制度的完善严密等，还必须注重作业现场地形地貌和气象条件的影响。除重视作业使用器械的电气绝缘性能外，还要重视其机械性能和液压系统的可靠性，确保作业人员安全与电网安全。

配电所：向某特定地区进行中压配电或将中压配电电压降压至低压配电电压的供电点。配电所一般具有两回进线，单母线分段接线。中压馈线由接在中压母线上的断路器或负荷开关馈出；配电变压器的高压侧一般采用熔断器保护简化方案。配电变压器的容量依据供电区域负荷发展而定，随着城市配电网的发展以及“小容量、多布点”技术的应用，其容量不宜过大，一般选择在 800kVA 及以下。

箱式变电站：将多件单独设备，如断路器（或负荷开关、熔断器）、配电变压器、避雷器、保护装置、馈出设备等紧凑组合，预装在可以整体吊装的箱体内。箱体内的高压配电装置可按照需要采用六氟化硫断路器、真空断路器、环网负荷开关、负荷开关与熔断器组合装置等。配电变压器可采用油浸式或干式，同时还可以带有低压无功补偿设备。箱式变电站通常用于 10kV/0.4kV、35kV/0.4kV、35kV/10kV 电压等级。箱式变电站由于成套性好、结构紧凑、小巧美观、移动安装方便等优点，在城市电网改造中被大量采用。

开闭所：为便于分配同一电压等级的电力而在线路中间设置的配电设施，也称开关站。开闭所是由断路器、隔离开关、电流互感器、电压互感器、母线以及相应的控制保护和自动装置以及辅助设施组成，同时也可以根据需要安装无功补偿装置。母线的接线方式一般是单母线分段，通常开闭所有两回进线和 6~10 回出线（出线根据实际情况确定），可以认为开闭所是只设一种电压等级的配电装置。但是在目前，为了充分利用开闭所的位置，在所内也有安装配电变压器，以提高对于该地区的低压供电能力，而中压部分仍然担负起开闭所的作用。实际上，开闭所也是变电站母线延伸的另外一种方案。

故障：元件或系统不能执行规定功能的状态。

10kV 配电线路故障跳闸率：10kV 配电线路故障停运率 = 统计周期内 10kV 配电线路故障跳闸次数 ÷10kV 配电线路长度百千米 × 年。

计算说明如下。

（1）10kV 配电线路故障以调度通报口径为准。

（2）重合成功的 10kV 配电线路和重合不成功的 10kV 配电线路均应纳入统计。

（3）自然灾害引起的 10kV 配电线路跳闸不纳入统计。

第二章

配电线路故障跳闸防控管理流程

一、10kV 配电线路故障跳闸防控管理流程图

10kV 配电线路故障跳闸防控管理流程如图 2-1 所示。

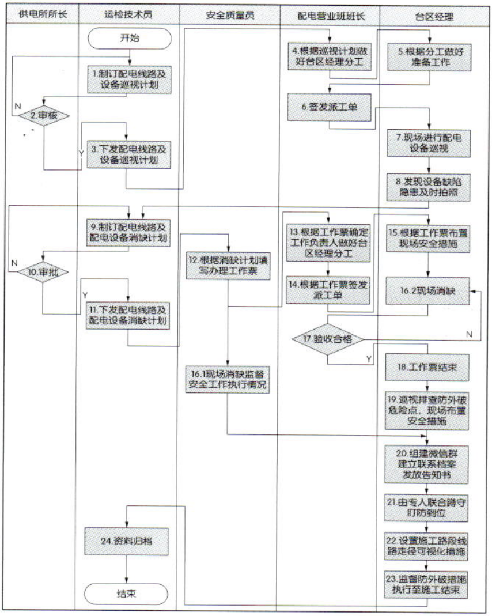

图 2-1　10kV 配电线路故障跳闸防控管理流程图

二、10kV 配电线路故障跳闸防控管理流程节点说明

节点 1：乡镇供电所运检技术员根据乡镇供电所巡视记录中的雷区、鸟害区等 10kV 配电线路及配电设备“故障云图”，收集现在施工、即将施工和列入今年施工计划以及防外破预警系统监控到的施工危及线路安全运行隐患，制定《乡镇供电所 10kV 配电线路及配电设备巡视工作计划》。计划要写明线路名称、巡视分组、巡视内容、巡视要求、巡视完成时间、巡视质量、巡视记录和资料归档要求等。

节点 2：乡镇供电所所长对运检技术员制定的《乡镇供电所 10kV 配电线路及配电设备巡视工作计划》进行审核，没有问题的发给运检技术员，有问题的返回运检技术员修改《乡镇供电所 10kV 配电线路及配电设备巡视工作计划》。

节点 3：乡镇供电所运检技术员将确定的《乡镇供电所 10kV 配电线路及配电设备巡视工作计划》下发给配电营业班班长。

节点 4：配电营业班班长根据《乡镇供电所 10kV 配电线路及配电设备巡视工作计划》做好台区经理的分工。

节点 5：台区经理根据分工做好准备工作。

节点 6：配电营业班班长根据《乡镇供电所 10kV 配电线路及配电设备巡视工作计划》和台区经理的分工签发派工单。

节点 7：台区经理根据《乡镇供电所 10kV 配电线路及配电设备巡视工作计划》和台区经理分工开展现场 10kV 配电线路及配电设备巡视工作。

节点 8：乡镇供电所台区经理对发现的 10kV 配电线路以及配电设备安全隐患和缺陷进行拍照记录并发给运检技术员。

节点 9：乡镇供电所运检技术员制定《乡镇供电所 10kV 配电线路及配电设备消缺工作计划》，发给乡镇供电所所长审核。

节点 10：乡镇供电所所长对乡镇供电所运检技术员制定的《乡镇供电所 10kV 配电线路及配电设备消缺工作计划》进行审核，没有问题的发给运检技术员，有问题的返回运检技术员修改《乡镇供电所 10kV 配电线路及配电设备消缺工作计划》。

节点 11：乡镇供电所运检技术员将审核批准的《乡镇供电所 10kV 配电线路及配电设备消缺工作计划》发给安全质量员。

节点 12：乡镇供电所安全质量员根据《乡镇供电所 10kV 配电线路及配电设备消缺工作计划》填写并办理工作票，明确消缺任务、危险点、安全措施等。

节点 13：乡镇供电所安全质量员将《乡镇供电所 10kV 配电线路及配电设备消缺工作计划》和工作票交给配电营业班班长。配电营业班班长根据《乡镇供电所 10kV 配电线路及配电设备消缺工作计划》和工作票确定现场消缺工作负责人，做好台区经理工作分工。

节点 14：配电营业班班长根据工作票填写派工单、派车单并签发。

节点 15：台区经理根据工作票布置现场消缺安全措施。

节点 16.1：乡镇供电所安全质量员现场监督台区经理现场消缺工作。

节点 16.2：现场消缺安全措施完成后，台区经理根据工作票进行现场消缺工作。

节点 17：台区经理根据工作票内容完成现场消缺工作后，配电营业班班长进行现场验收，验收合格的办理工作票结束，验收不合格的要求台区经理重新进行现场消缺工作。

节点18：现场消缺工作完成后，配电营业班班长进行现场验收，合格后办理工作票结束。

节点19：台区经理根据《乡镇供电所10kV配电线路及配电设备巡视工作计划》巡视排查防外破危险点，现场布置安全防范措施，台区经理必须使用合格的劳动防护用品，且安全工器具合格、正确使用。配电营业班台区经理现场操作设置围栏、彩旗要牢固可靠，使用喷红漆作为醒目标识时必须满足被施工土渣掩埋后能够看到，限高隔离挡板设置安全距离应符合安全要求。配电营业班台区经理针对核查出外破危险点线路（电缆）走向、埋深、限高等危及线路安全运行的隐患点设置醒目的安全警示标识措施，提醒施工作业人员。

节点20：台区经理负责组建微信群，建立用电客户、施工车辆驾驶员信息档案，把用电客户方、施工方责任人、操作设备机械人员全部加入微信群，及时发布线路施工作业安全注意事项和隐患排查治理情况等信息，及时发放告知书，让用电客户明白现场施工的危险点。

节点21：配电营业班台区经理对巡视情况进

行预警汇报，24h与施工方、设备主人进行联合蹲守，盯防到位。

节点22：配电营业班台区经理负责设置施工路段线路走径可视化措施，对排查出的外破危险点不能设立明显围挡、路径走向标识的，应进行将地下电缆走径挖出，在线路限高处加装隔离绝缘挡板的措施，以保证线路在施工作业情况下安全运行。

节点23：配电营业班台区经理在监督现场防外破施工过程中不得离开现场，不得让其他人员替代自己进行现场监督，台区经理对防外破措施执行情况进行拍照记录。台区经理监督现场防外破措施执行至施工结束，方可拆除所做措施。

节点24：当台区经理完成防外破措施工作任务后，乡镇供电所运检技术员整理填写各种记录资料并将资料归档。

第三章

配电线路故障跳闸巡视

一、配电线路故障跳闸巡视

配电线路故障跳闸巡视是指当配电线路及配电设备发生故障时，为了尽快查明故障的地点和原因，及时消除故障恢复配电线路及配电设备正常供电，组织人员进行的配电设备巡视。

二、10kV 配电线路故障跳闸巡视要求

乡镇供电所接到值班调度员 10kV 配电线路出现故障跳闸通知后，乡镇供电所所长或安全质量员必须立即组织台区经理对 10kV 配电线路进行故障巡视，查找故障点。当 10kV 配电线路出现故障跳闸时，值班调度员应立即通知乡镇供电所，详细说明故障时间、类型、配电设备保护动作及测距情况。在 10kV 配电线路及配电设备发生故障后，不论断路器重合成功与否，乡镇供电所均应及时组织台区经理对故障配电线路及配电设备进行故障巡视，发现故障点后应立即报告，必要时应保护故障现场。故障巡视

应在乡镇供电所接到值班调度员的通知后立即执行。乡镇供电所接到值班调度员10kV配电线路出现故障跳闸通知后，向台区经理部署故障巡视任务，做到巡视分工明确、人员之间分工无遗漏（段）点，同时根据配电设备故障情况进行初步分析、找出原因，确定巡视重点，必要时组织台区经理进行登杆检查。故障线路巡线过程中，台区经理应始终认为配电设备带电，即使明知配电设备已经停电，台区经理也应认为配电设备有随时恢复送电的可能。台区经理应将所分担的巡线区段全部巡视完成，不得中断或遗漏，发现故障点后应立即汇报调度进行处理，同时汇报公司安全、运行管理部门。为迅速查找出故障点，台区经理应采取先拉开分线、支线或分支线等方法缩小故障点查找范围。查找出故障点后，台区经理应立即采取安全措施，防止行人靠近，以防发生人身伤亡故障。重大故障应设法保护现场，发现导线断落地面或悬吊空中后，应设法防止行人靠近断线点8m以内。故障巡视中，台区经理必须对所分工巡视的区段进行全线巡视，对所发现的可能导致故障的所有物件应搜集带回，对配电设备故障现场情况做好详细记录，利用摄像、拍照等方式取得故障现场录像或照片，尽量收集导致故障的所有物件，作为故障分析的依据和参考，便于正确分析故障发生的原因。因配电设备故障导致断路器跳闸，无论断路器是否重合成功、是否强送断路器合闸成功，只要认为配电设备有可能发生故障的均要组织台区经理对故障跳闸线路进行全线巡视。所有配电设备故障必须查明原因，进行分析，制定防范措施。如果地面巡视查不出原因，必须进行登杆塔检查，直到查明故障点为止。对重合、强送不成功的配电设备，查不出故障原因不能送电。对于故障配电设备无论重合成功与否，均应在故障发生后 24 小时内查出原因，处理完毕后按值班调度员命令恢复送电。

第四章

故障跳闸分析及管控措施典型案例

第一节 概 述

在电力系统中，10kV 及以下配电网发生故障的概率较大，一般能占到整个电网故障率的 70% 以上。由 10kV 配电网故障引发的停电会对电力用户造成极大的损失，由于故障停电会影响居民生活用电、企事业单位安全生产、学校及医院的可靠供电等，还会造成配电网及设备的损坏，增加了供电企业的运行维护费用，造成经济效益与社会效益的双损失。社会的稳定与经济的发展必须有一个良好、安全、稳定的配电网做基础，因此，消除配电网故障，提高配电网安全性和稳定性显得尤为重要。供电企业首先要做好配电网故障的统计分析，制订配电网故障跳闸风险管控措施，加强配电网的巡视，及时处理巡视过程中发现的隐患和缺陷；开展配电线路防外力破坏宣传工作，严格配电线路护区管理，定期对防雷设施进行测试；定期对客户用电设备进行安全用电检查，发现隐患立即通知客户消除；及时清理配电线路及设备上的鸟巢。加强防外力破坏管理，补充防撞措施，现场监督防止施工器械误碰带电设备，防范各类安全事故（件）发生；持续提高配电网的安全性和可靠性，逐步降低配电网故障率，保证电力客户正常用电。

第二节　典型案例

一、典型案例 1

1. 故障情况

××××年××月××日15时37分，35kV泰合变电站10kV泰合线Ⅰ段保护动作，10kV泰合线63断路器跳闸，重合成功。

2. 原因分析

35kV泰合变电站10kV泰合线故障发生后，乡镇供电所根据调度命令立即组织台区经理对35kV泰合变电站10kV泰合线进行故障巡视检查，经现场检查发现35kV泰合变电站10kV泰合线赵家分支线28-11号杆与28-12号杆之间U相和V相发生短路，由于村民采摘香椿芽，高处树枝弹落到导线上造成U、V两相相间短路。

3. 存在问题

（1）台区经理巡视10kV泰合线不到位，没有及时发现赵家分支线28–11号杆与28–12号杆之间线路护区超高树木，未能及时发现清理。

（2）台区经理对电力设施安全教育宣传不到位，没有使当地群众了解采摘10kV配电线路护区内的香椿芽会导致线路相间短路。

4. 整改措施

（1）乡镇供电所运检技术员要结合实际制定详细的10kV配电线路巡视检查标准，根据天气状况、线路状况、人员状况、线路护区状况等，制定定期巡视、故障巡视、特殊巡视、夜间巡视、交叉巡视、诊断性巡视等巡视内容，对重点配电线路及隐患多发区域要增加巡视频次，及时处理巡视过程中发现的隐患和缺陷。要求台区经理及时填写巡视记录、拍摄巡视照片后及时录入设备巡视管理信息系统中。运检技术员要不定期抽查台区经理巡视情况和巡视记录情况，随机抽查工作人员的巡视照片，检查台区经理对配电线路的巡视质量。

（2）电力设施保护不仅需要电力企业做好自身

工作，还需要社会各界的关注与共同努力。乡镇供电所积极开展配电线路防外破宣传工作，通过广播、电视、报纸等媒体，广泛开展护线宣传；深入到学校、市场、企业、施工单位进行配电线路防外破宣传工作，发现问题及时制止并对用电客户进行安全教育。

（3）如果发现在10kV配电线路护区附近植树绿化，乡镇供电所台区经理必须进行制止并要求施工方移除，持续提升配网设备健康水平。10kV配电线路护区内禁止私自砍伐、修剪线路附近超高树木。由乡镇供电所及时清理线路护区树木，为防止树木（树枝）倒落在导线上，台区经理应设法用绳索将树木拉向与导线相反方向，绳索应有足够的长度，以免拉绳人员被倒落的树木砸伤。砍剪的树木下面和倒落树范围内应设专人监护，禁止树下有人逗留，防止砸伤行人。台区经理上树作业时，手、脚要放在适合的位置，防止被斧、锯和断落的树枝划伤。上树前应检查是否有马蜂窝，如有则应采取可靠的安全措施。台区经理在砍伐靠近带电线路的树木时，工作负责人必须在工作开始前向台区经理说明电力线路有电，不得攀登杆塔。树木、绳索不得接触导线。树枝接触高压带电导线时，严禁用手直接去取。台区经理和绳索应与导线保持足够的安全距离。台区经理上树砍剪树木时，不应攀抓脆弱和枯死的树枝，不应攀登已经锯过或砍过的未断树木，不应攀登较细且高的树木。

二、典型案例 2

1. 故障情况

××××年××月××日15时18分，110kV桦山变电站10kV韩庄线Ⅰ段保护动作，110kV桦山变电站10kV韩庄线81断路器跳闸，重合成功。

2. 原因分析

110kV桦山变电站10kV韩庄线故障发生后，乡镇供电所根据调度命令立即组织台区经理对110kV桦山变电站10kV韩庄线进行故障巡视检查，经现场检查发现110kV桦山变电站10kV韩庄线09号杆龙达公司09J分界断路器负荷侧遭雷击，导致10kV韩庄线线路跳闸重合成功，线路其他用电客户运行正常。10kV韩庄线09J断路器安装自动化设备，当10kV韩庄线09号杆龙达公司分支线09J断路器负荷侧遭雷击后，龙达公司分支线09J断路器自动化判定动作，自动断开09J断路器，动作正确，将故障点隔离，10kV韩庄线81断路器跳闸重合成功。

3. 存在问题

（1）因恶劣天气（雷击）导致 10kV 韩庄线 09 号杆龙达公司分支线 09J 断路器跳闸，防雷设施没有按照试验周期进行定期试验。

（2）用电客户专责人责任心不强，用电客户电工对自己所辖设备巡视不及时、不到位，停电时检修未及时发现自己所辖 T 接杆分界断路器存在隐患。

（3）乡镇供电所对用电客户管理存在不到位现象，对用电客户电工巡视不及时、不到位，没有引起高度重视，致使此类故障发生。

4. 整改措施

（1）乡镇供电所安全质量员组织全体台区经理开展事故分析大讲堂，认真分析故障原因，找出杜绝用电客户设备原因导致线路故障跳闸的具体措施。

（2）加强对用电客户的巡视管理，指导用电客户电工对自己所辖的架空线、电缆线路、配电设备进行巡视检查，发现异常情况及时整改，提高用电客户自身的巡视质量，定期对设备进行预防性试验，提前发现问题，把问题消除在萌芽中，防止类似故障发生。

（3）利用微信群将类似故障图文发到乡镇供电所台区经理交流群中，使台区经理以此为鉴，在巡视乡镇供电所管理的配电设备时特别注意，最大限度将问题消除在萌芽中。

三、典型案例3

1. 故障情况

××××年××月××日08时20分，110kV南湖变电站10kV湖中线过流Ⅰ段保护动作，110kV南湖变电站10kV湖中线66断路器跳闸，重合成功。

2. 原因分析

110kV南湖变电站10kV湖中线故障发生后，乡镇供电所根据调度命令立即组织台区经理对110kV南湖变电站10kV湖中线进行故障巡视检查，经现场检查发现故障原因是10kV湖中线大众路103环网箱12间隔T接环城公司用电客户，环城公司临时安排施工单位在厂房以东空旷地带临时挖深坑置换好土，施工单位误将环城公司10kV电缆挖断，导致10kV湖中线大众路103环网箱12间隔断路器跳闸隔离故障。103环网箱12间隔断路器动作跳闸，导致103环网箱12间隔接入的环城用电客户停电，由于103环网箱12间隔断路器只供电环城公司一个用电客户，103环网箱12间隔断路器动作跳闸不影响线路其他用电客户正常运行。发生故障时103环网箱12间隔断路器与110kV南湖变电站10kV湖中线66断路器同时跳闸，由于103环网箱12间隔断路器跳闸后隔离故障点，110kV南湖变电站10kV湖中线66断路器重合后已经没有故障，10kV湖中线66断路器因此重合成功，10kV湖中线线路恢复正常运行。

3. 存在问题

（1）乡镇供电所对管辖配电设备巡视不到位，认为大众路升级改造已完工，环城公司电缆不在施工区域，未及时发现施工人员延伸施工，没有采取盯防到位措施。

（2）施工单位的施工人员临时改变施工区域，施工区域向外延伸未提前与供电公司联系核实电缆路径，采取人工找出电缆方式，即用大型挖掘机作业，用电客户电工对自管线路设备不清楚。

4. 整改措施

（1）针对部分用电客户安全用电意识不强的问

题，落实《用电检查结果通知书》整改要求不到位等问题，乡镇供电所要积极联合政府职能部门召开“用电客户电工安全会议”，通报近期用电客户原因引起的配电故障，发挥政府监管职能，全面开展用电客户设备防外破宣传，强化用电客户自身安全用电和防外破的意识。

（2）加强对乡镇供电所管辖设备的巡视管理，督促用电客户加强对自管设备的巡视管理，结合用电客户检查，对用电客户电工进行安全知识教育相关知识培训，督促用电客户电工对自管设备巡视到位，确保巡视质量。乡镇供电所要组织台区经理对辖区10kV 电力电缆路径的用电客户逐一进行排查，发现问题，根据设备产权分界分别进行整改处理，验收合格方可注销缺陷和隐患。

（3）根据夏季高峰用电的特点，为全面完成迎峰度夏工作，乡镇供电所将联合组织对 10kV 用电客户进行一次全面安全用电大检查，摸清设备和外破安全隐患，落实“检查、告知、督导、备案”四到位的管理规定，及时消除各类安全隐患，确保电网安全。

（4）针对查找出的邻近 10kV 电力线路保护区的施工作业，乡镇供电所将组织台区经理采取增设屏障、遮栏、围栏、防护网等进行防护隔离，并悬挂醒目警示牌。

四、典型案例 4

1. 故障情况

××××年××月××日10时03分，110kV金桥变电站10kV鲁观线过流Ⅰ段保护动作跳闸，10kV鲁观线82断路器重合到永久性故障线路再次跳闸，重合不成。

2. 原因分析

110kV金桥变电站10kV鲁观线故障发生后，乡镇供电所根据调度命令立即组织台区经理对110kV金桥变电站10kV鲁观线进行故障巡视检查，经现场检查发现110kV金桥变电站10kV鲁观线中金大道101环网箱至102环网箱之间的电缆头故障。10kV鲁观线投运时间长久，中金大道101至102环网箱之间电缆长度约1.5km，电缆型号为YJV3×400，共计3个电缆头，其中靠近102环网箱电缆中间头施工工艺质量存在缺陷，是导致10kV鲁观线故障跳闸的主要原因。由于故障点在中金大道101环网箱至102环网箱之间的电缆中间头，该线路在104环网箱接入一个用电客户（创为公司），因此停电影响到创为公司正常用电。为了使创为公司尽快恢复供电，将鲁观线102环网箱的01进线断路器断开，合上10kV楚天线103环网箱12间隔与10kV鲁观线拉手断路器，所带负荷于12时30分由联络线路10kV楚天线带出。

3. 存在问题

（1）新建电缆工程项目投运，没有严把验收质量关，导致电缆中间头施工工艺质量存在缺陷运行，致使10kV鲁观线故障跳闸。

（2）从事电缆头制作工艺的施工人员技术参差不齐，人员在制作电缆头过程中施工工艺存在缺陷，电缆头在运行过程中，由于电缆的内外温度差别等方面问题导致电缆头放电短路。

4. 整改措施

（1）严格电缆头制作工艺标准要求，对制作电缆头工作人员进行专业培训，杜绝类似事件发生。严把质量验收关，送电前必须提交试验报告及断路器设备定值单，相关人员审核无误后方可送电。对于新投运的电缆项目，验收时应提高验收标准，电缆中间头的制作验收，需要经县供电公司、乡镇供电所共同验收签字后，方可投入运行。

（2）针对每一次的电缆头制作，现场要时刻监控把关，利用安全例会对每一次的电缆头制作视频组织台区经理认真学习，共同交流探讨，不断提高设备的制作工艺水平，严格验收标准。

（3）加大电缆附件安装培训工作，邀请电缆厂家集中培训授课，组织施工人员参加电缆中间头制作专项培训。要求施工人员全部取得电缆头制作资质。

五、典型案例 5

1. 故障情况

××××年××月××日14时52分，110kV桂园变电站10kV民生线过流保护动作跳闸，10kV民生线65断路器跳闸重合成功。

2. 原因分析

110kV桂园变电站10kV民生线故障发生后，乡镇供电所根据调度命令立即组织台区经理对110kV桂园变电站10kV民生线进行故障巡视检查，经现场检查发现10kV民生线分界断路器38JT接龙苑公司的500kVA箱式变压器内，10kV高压柜绝缘隔板老化导致V相与W相短路，该用电客户箱式变压器高压侧断路器因 UPS 电源无电未动作，导致越级跳闸，10kV 民生线 38J 断路器跳闸后隔离故障点，110kV 桂园变电站 10kV 民生线 65 断路器跳闸重合成功。10kV 民生线属于架空与电缆混合线路，全长 5.44 公里。

3. 存在问题

（1）乡镇供电所对用电客户管理不到位，用电客户专责人责任心不强，对用电客户设备检查不及时，未发现用电客户高压断路器保护电源故障，并督促用电客户整改。

（2）用电客户电工对设备巡视不到位，未及时发现高压柜保护电源电池保险损坏及高压柜母线故障隐患。

（3）乡镇供电所对用电客户管理不到位，用电客户专责人责任心不强，通过该故障举一反三，要求线路用电客户专责人对所辖线路上的所有用电客户进行巡视检查，杜绝类似事故的发生。

4. 整改措施

（1）指导用电客户加强对用电客户资产设备的巡视管理，指导用电客户电工对自己所辖的 T 接点及线路和电缆路径等逐一进行排查，检查是否存在类似问题，并督促用电客户限期整改，防止类似故障发生。

（2）加强对用电客户的巡视管理，指导企业电工对自己所辖的变压器、配电盘等逐一进行排查，检查是否存在类似问题，并督促用电客户限期整改，防止类似故障，结合大修技改，将用电客户T接自动化负荷断路器更换为断路器，防止越级跳闸到变电站。

（3）加强对用电客户电工管理，结合用电客户检查，对用电客户电工进行高压柜操作及保护相关知识指导，督促用电客户电工对自管设备巡视到位，保证巡视质量，定期对设备进行预防性试验，提前发现问题，把问题消除在萌芽状态。

六、典型案例6

1. 故障情况

××××年××月××日16时19分，110kV庐岭变电站10kV江南线63断路器跳闸，过流保护动作跳闸，10kV江南线63断路器跳闸重合不成功。

2. 原因分析

（1）110kV庐岭变电站10kV江南线故障发生

后，乡镇供电所根据调度命令立即组织台区经理对110kV庐岭变电站10kV江南线进行故障巡视检查，经现场用望远镜观察发现10kV江南线31号杆V相与W相弓子线上有放电断股痕迹。故障是由于恶劣大风天气，风刮起异物引起V相与W相短路，导致110kV庐岭变电站10kV江南线63断路器跳闸重合不成功。经巡视线路上的101分段断路器在合闸位置并无断开，由于10kV江南线63断路器跳闸重合不成功，因此导致线路所带28户用电客户停电。

（2）10kV江南线101分段断路器配有自动化设备，10kV江南线31号杆V相与W相弓子线发生短路故障时，101分段断路器应该动作跳闸但没有跳闸，导致110kV庐岭变电站10kV江南线63断路器跳闸重合不成。

3. 存在问题

（1）乡镇供电所对配电设备运行管理不到位，乡镇供电所台区经理责任心不强，对配电运行设备巡视检查不及时，未及时发现配电线路护区内的易飘物，没有认真完成对配电线路护区内树木以及易飘物的清理工作。

（2）10kV江南线101分段断路器配置的自动

化设备存在缺陷，10kV江南线31号杆V相与W相弓子线发生短路故障时出现拒动现象，设备验收存在不严格、不规范问题，自动化设备试验存在不试验、不检查问题，导致变电站10kV江南线63断路器跳闸重合不成，扩大了故障范围，由此导致停电范围扩大。

4. 整改措施

（1）乡镇供电所要加强10kV配电线路及设备的运行维护，乡镇供电所运检技术员要制定《乡镇供电所月度配电线路及设备巡视计划》，配电营业班班长组织台区经理按照《乡镇供电所月度配电线路及设备巡视计划》开展设备巡视，巡视工作要认真负责，发现缺陷和异常要做好记录，及时处理。

（2）乡镇供电所在特殊天气后要组织台区经理进行特巡检查。特别是大风天气后要及时组织乡镇供电所台区经理进行特巡。对10kV配电线路附近大棚的漂浮物要及时清理，叮嘱用电客户做好防止漂浮物刮到10kV配电线路上的措施。按照上级要求，集中开展春季和秋季漂浮物治理活动。

（3）县供电公司要按照规定对自动化设备进行定期检查试验，确保自动化设备运行正常，同时结合大修技改，增加线路分段断路器，将用电客户 T 接自动化负荷断路器更换为断路器，防止越级跳闸变电站断路器。

七、典型案例 7

1. 故障情况

××××年××月××日 10 时 28 分，110kV 吴巷变电站 10kV 纺织线过流Ⅱ段保护动作跳闸，10kV 纺织线 62 断路器跳闸重合成功。

2. 原因分析

110kV 吴巷变电站 10kV 纺织线故障发生后，乡镇供电所根据调度命令立即组织台区经理对 110kV 吴巷变电站 10kV 纺织线进行故障巡视检查，经现场检查发现 10kV 纺织线 103 环网箱 11 间隔 T 接绿洲纺织公司的 80kVA 变压器内部匝间短路，由于绿洲纺织公司配电室高压断路器保护电源故障，其高压断路器没有动作跳闸，又因 10kV 纺织线 103 环网箱 11 间隔断路器操作机构失灵未动作，导致 102 环网箱 02 间隔与 104 环网箱 01 间隔断路器分别跳闸，迅速隔离故障区域，致使 110kV 吴巷变电站 10kV 纺织线 62 断路器跳闸重合成功。

由于103环网箱11间隔接入一个用电客户，103环网箱12间隔接入4个用电客户，当102环网箱02间隔与104环网箱01间隔断路器分别跳闸后，只影响103环网箱接入的5个用电客户用电，110kV吴巷变电站10kV纺织线其他用电客户运行正常。

3. 存在问题

（1）10kV纺织线103环网箱内凝露比较严重，10kV纺织线103环网箱11间隔断路器操作机构出现生锈，当T接绿洲纺织公司80kVA变压器内部发生匝间短路时，保护虽然动作，但10kV纺织线103环网箱11间隔断路器操作机构因生锈不能动作跳闸，导致102环网箱02间隔与104环网箱01间隔断路器分别跳闸，扩大了故障范围。

（2）用电客户电工管理不到位，用电客户设备专责人责任心不强，对用电客户设备检查不及时，未发现用电客户高压断路器保护电源故障，说明用电客户电工对设备巡视不到位，未及时发现高压柜保护电源电池保险损坏。

4. 整改措施

（1）乡镇供电所应指导用电客户利用测温仪对

配电设备进行测温、测负荷，利用超声波仪器对配电设备进行局放检测，及时发现设备本体故障并尽快处理。乡镇供电所应督促用电客户加强配电设备的巡视检查，指导用电客户电工对自己所辖的变压器、配电盘等逐一进行排查，检查是否存在故障隐患，如果配电设备处理存在故障隐患，则应立即处理，避免类似事故发生。

（2）乡镇供电所要组织台区经理对环网箱和 T 接箱进行全面细致的检查，重点对操动机构是否发生锈蚀、保护装置是否动作正确、保护电源是否动作可靠进行排查，对检查出的凝露环网箱、T 接箱进行防凝露处理，对机构锈蚀的操动机构及时保养打油消缺，确保机构正常工作。对于新投运的环网箱、T 接箱，在投入电网验收前，乡镇供电所必须进行防凝露检查，确保间隔进出线封堵严密，不进行防凝露处理的不允许送电。

（3）加强对用电客户电工管理，结合用电客户检查，对用电客户电工进行高压断路器柜操作及保护相关知识指导，督促用电客户电工对自管设备巡视检查到位，重点对操动机构是否发生锈蚀、保护装置是否动作正确、保护电源是否动作可靠进行排查，保证巡视质量，定期对设备进行预防性试验，提前发现问题，把问题消除在事故萌芽状态。

八、典型案例 8

1. 故障情况

××××年××月××日 09 时 25 分，110kV 晋前变电站 10kV 建达线 I 段保护动作跳闸，建达线 101 环网箱 02 间隔断路器跳闸，110kV 晋前变电站 10kV 建达线 87 断路器跳闸后重合成功。

2. 原因分析

110kV 晋前变电站 10kV 建达线故障发生后，乡镇供电所根据调度命令立即组织台区经理对 110kV 晋前变电站 10kV 建达线进行故障巡视检查，经现场检查发现 10kV 建达线 25 号杆 T 接港湾物流有限公司厂区内基建管线施工，野蛮施工将 10kV 电缆挖伤引起短路，因 10kV 建达线 29 号杆分界断路器（非自动化断路器）没有动作跳闸，导致 10kV 建达线 101 环网箱 02 断路器跳闸隔离故障点，110kV 晋前变电站 10kV 建达线 87 断路器跳闸后重合成功。

3. 存在问题

（1）施工基建单位在施工前未与港湾物流有限公司电工联系核实电缆路径及埋深，就开始挖探沟，在周围电缆标示齐全的情况下野蛮使用挖掘机作业，是导致该故障的主要原因。

（2）乡镇供电所对用电客户院内基建施工巡视不到位，未及时发现用电客户院内的管线挖掘施工，更没有盯防到位。

4. 整改措施

（1）在配电环网箱、T 接箱、表箱等处张贴服务贴，确保开挖基建顶管等施工人员能看到乡镇供电所服务电话，及时拨打电话告知乡镇供电所勘查现场。

（2）电缆线路电力标识桩必须按规定 50m 设置一处标识桩配齐，如果是混凝土路面，地面应设置不锈钢电缆标示。

（3）乡镇供电所台区经理发现配电线路护区有人施工，首先要求施工方签订外破安全协议，给施工方指明地下线路方向大体埋深和走径，乡镇供电所和施工方做好标识（插红旗或者混凝土地面喷漆，重要线路或用电客户用围栏围挡保护线路）。

（4）乡镇供电所管辖的配电线路护区内有施工

时，乡镇供电所台区经理应督促施工单位建立路径图，完善相关标示，乡镇供电所也要派人盯防，要求施工方找出直接填埋的电缆，做好保护标示后，方可开展施工。

（5）加强对用电客户线路的外破盯防管理，施工区域电缆即使测好电缆路径，也要每日巡视到位，延伸至用电客户院内。同时告知施工人员延伸施工必须电话联系，现场核实确无电缆后方可动用机械施工，对野蛮施工者报警处理。

九、典型案例 9

1. 故障情况

×××× 年 ×× 月 ×× 日 17 时 14 分，110kV 民东变电站 10kV 民安Ⅱ线过电流保护动作跳闸。10kV 民安Ⅱ线 61 断路器动作跳闸，重合成功。

2. 原因分析

110kV 民东变电站 10kV 民安Ⅱ线故障发生后，乡镇供电所根据调度命令立即组织台区经理对 110kV 民东变电站 10kV 民安Ⅱ线进行故障巡视检查，经现场检查发现 10kV 民安Ⅱ线民安路 101 环网箱11间隔T接顺达公路建设，该用电客户高压电缆在鸿顺立交桥施工区域内，施工单位存在野蛮施工，在整理立交匝道时将电缆误伤，由于电缆短路导致110kV民东变电站10kV民安Ⅱ线过电流保护动作跳闸。由于用电客户的101环网箱T接11间隔断路器动作跳闸将故障点隔离，才使得10kV民安Ⅱ线61断路器重合成功。由于101环网箱11间隔断路器动作跳闸，101环网箱11间隔只接入顺达公路用电客户用电，因此断路器动作后只影响顺达公路建设一个用电客户正常的用电，线路所带其他用电客户运行正常。

3. 存在问题

（1）乡镇供电所对施工单位防外破坏管理重视程度不够，对施工单位的管理不到位。巡视人员（台区经理）对施工单位巡视盯防不及时，未及时发现大型机械在电缆护区内施工。

（2）乡镇供电所台区经理落实“检查、告知、督导、备案”四到位措施不力。虽然对该用电客户进行了检查，也告知了用电客户高压电缆的路径走向，但是未能督导用电客户整改到位。工作存在不细致，管理存在不闭环，存在侥幸不出事的心理。

（3）用电客户设备专责人（电工）责任心不强，针对该用电客户的高压电缆标志性不清晰，导致该用电客户施工中误伤电缆，针对此故障，要求用电客户电工举一反三，乡镇供电所组织对所辖线路上有可能发生故障隐患点进行设备巡视检查，杜绝类似事故的发生。

4. 整改措施

（1）针对移动（流动）施工场所，如道路植树、栽苗绿化、临时吊装、物流、仓储、取土、挖沙等场所乡镇供电所，应采取在防护区内临时安插警示牌或警示旗、铺警示带、安装警示护栏等安全保护措施。

（2）乡镇供电所应安排台区经理在线路防护区边界两侧装置护电围栏，通常采用安全围栏或悬挂彩旗的绳索的措施，主要防止在防护区附近固定作业车辆进入线路防护区。

（3）有条件时，可以在吊车等车辆的吊臂顶部安装近电报警装置，提前设定距离高压线的距离，当吊车等车辆顶部靠近高压线时，立即启动声响和灯光报警，提示操作人员立即停止作业操作。

（4）乡镇供电所应加强与市政建设部门的信息沟通，密切关注电缆通道周边各类施工情况；及时评估老旧通道主体结构的承载能力，发现地面沉降、地下水冲蚀、承重过大等情况时，要检测通道周围土层的稳定性，发现异常应及时加固，必要时对通道进行改造或迁移。

十、典型案例 10

1. 故障情况

××××年××月××日14时20分，110kV东楼变电站10kV矿山线过电流保护动作跳闸，10kV矿山线68断路器跳闸重合成功。

2. 原因分析

110kV东楼变电站10kV矿山线故障发生后，乡镇供电所根据调度命令立即组织台区经理对110kV东楼变电站10kV矿山线进行故障巡视检查，经现场检查没有发现问题，但因当时雷雨天气，并听线路附近居民讲，线路跳闸时看到矿山线35号杆至36号杆有落雷火光情况，所以判断为10kV矿山线因落雷导致线路跳闸。

3. 存在问题

10kV矿山线故障点为每年多雷地区，雷雨天气容易导致线路落雷故障，10kV矿山线没有进行防雷设施改造。

4. 整改措施

（1）加大线路巡视检查力度，结合雷雨天气跟踪巡视分析，观测落雷地段，及时采取防雷措施。为了保证防雷设施具有良好的保护性能，每年在雷雨季到来之前，乡镇供电所应列出防雷工作计划，对防雷设施进行检查、测试。及时掌握防雷设施是否处于正常状况，装置运行是否良好，对检查、测试中发现的不合格项应及时处理，杜绝隐患。要加强防雷设施的巡视和定期试验工作，防雷设施的巡视周期与线路的巡视周期相同。避雷器绝缘电阻试验周期为 1~3 年，避雷器工频放电试验周期为 1~3 年。柱上变压器、配电站、柱上断路器、电容器的接地电阻测量每两年至少一次，其他设备的接地电阻测量每四年至少一次。防雷设施必须在雷雨季到来之前投入运行。

（2）配电线路可采用三角形排列，最上面的导线可以起到避雷线的作用，在最上面的导线绝缘子上每隔 6~7 基电杆装设一个接地保护间隙。对于农村配电线路上的所有配电设备，如柱上断路器、负荷开关、隔离开关等，应根据需要在设备的带电侧装设避雷器或保护间隙。

（3）配电线路安装的避雷器接地装置在投入运行前必须按照要求进行验收，验收资料必须有合格的接地电阻测量报告。10kV 配电线路巡视中，应检查接地极是否接触良好，是否有松动、锈蚀、断股现象，如果有必须按照缺陷进行记录消除。每年春季组织乡镇供电所人员对 10kV 配电设备进行接地电阻测量。

（4）对雷电频繁区域的 10kV 配电线路安装避雷器。由于山区土壤的电阻率普遍较高，为满足线路耐雷水平的要求，乡镇供电所对新建线路杆塔，必须严格执行施工、验收标准，对运行的线路杆塔，在雷季来临之前，必须进行接地电阻测量，可以采用增设接地扁铁、加大接地面积、接地槽换土、敷设降阻剂等措施，有效改善接地电阻值，起到防雷的目的。

十一、典型案例 11

1. 故障情况

××××年××月××日 11 时 21 分，110kV 东固山变电站 10kV 冬平线 I 段保护动作跳闸，10kV 冬平线 61 断路器跳闸重合成功。

2. 原因分析

110kV 东固山变电站 10kV 冬平线故障发生后，乡镇供电所根据调度命令立即组织台区经理对 110kV 东固山变电站 10kV 冬平线进行故障巡视检查，经现场检查发现 110kV 东固山变电站 10kV 冬平线 44 号杆 T 接用电客户隔离开关上方鸟叼树枝筑巢，由于连续两天降雨树枝湿透，导致 10kV 冬平线 44 号杆 U 相、V 相相间短路线路跳闸，10kV 冬平线线路重合成功。10kV 冬平线线路跳闸后，乡镇供电所立即安排台区经理现场对故障线路进行巡视，巡视现场发现 10kV 冬平线 44 号杆 T 接用电客户隔离开关上方有鸟筑巢，立即通知用电客户现场清除鸟巢。

3. 存在问题

（1）用电客户设备巡视管理存在漏洞，企业电工没有及时发现鸟叼树枝筑巢。乡镇供电所台区经理对用电客户安全宣传不到位，没有实施有效的解决办法。

（2）用电客户用电设备施工工艺不规范，10kV 冬平线 44 号杆 T 接用电客户隔离开关相间距离不足，裸露点没有绝缘包封。

4. 整改措施

（1）10kV冬平线停电时，用电客户在10kV冬平线44号杆T接点鸟巢清理处安装防鸟锥。要求用电客户严格按照检修工艺标准，对10kV冬平线44号杆T接用电客户隔离开关实行包封，对裸露点实施绝缘包封，严把施工工艺验收关，确保制作工艺质量。

（2）通知10kV冬平线44号杆T接用电客户加强巡视。特别是加强配电线路及设备上鸟巢的巡视力度，增加辖区内鸟类频繁筑巢杆段巡视次数，关注天气预报，遇有雨雪天气时要及时发现及时清理，保证线路安全运行。对用电客户进行安全知识宣传，详细说明利害关系，加强用户安全防护意识，及时发现安全隐患并尽快处理。

（3）要以用电客户设备鸟巢未及时清理引起的故障为例，提高配电设备巡视质量，乡镇供电所运检技术员要加强配电线路巡视和消缺计划的管理，对消缺情况必须进行现场检查验收。配电营业班班长负责填写派工单，组织台区经理根据配电线路巡视和消缺计划现场巡视。加强乡镇供电所台区经理安全责任教育，提高业务技术水平和隐患点辨识能力。

十二、典型案例 12

1. 故障情况

××××年××月××日04时01分，220kV森源变电站10kV吕厂线Ⅰ段保护动作跳闸，10kV吕厂线65断路器跳闸重合不成。110kV市北变电站10kV岗湖线Ⅰ段保护动作跳闸，10kV岗湖线86断路器跳闸重合不成。

2. 原因分析

220kV森源变电站10kV吕厂线故障发生后，乡镇供电所根据调度命令立即组织台区经理对220kV森源变电站10kV吕厂线进行故障巡视检查，经现场检查发现220kV森源变电站10kV吕厂线34号杆被施工车辆撞断，34号杆倾斜到110kV市北变电站10kV岗湖线35号杆线路上导致相间短路，10kV吕厂线65断路器与10kV岗湖线86断路器同时跳闸。影响用电客户12户，影响公配台区1个用电。

3. 存在问题

（1）220kV森源变电站10kV吕厂线34号杆与110kV市北变电站10kV岗湖线35号杆都位于人行道中间，且10kV吕厂线34号杆与10kV岗湖线35号杆相距很近。两杆未及时迁移出人行道，对潜在隐患没有及时处理，导致故障发生。

（2）220kV森源变电站10kV吕厂线34号杆与110kV市北变电站10kV岗湖线35号杆没有装设警示标志，两杆也没有设防撞墩。

4. 整改措施

（1）加强乡镇供电所台区经理安全教育，明确责任落实，提高配电线路及设备巡视质量，提升故障隐患点辨识能力。补充防撞措施，结合10kV吕厂线和10kV岗湖线停电迁移人行道上的两级电杆。

（2）乡镇供电所组织台区经理对辖区内特种作业车辆进行全面摸底排查，及时了解特种车辆动向并完成联系方式收集，不定期向特种车辆驾驶员发送温馨提示短信，对特种车辆司机进行提醒，确保不发生车辆碰撞线路设备。

（3）乡镇供电所要在固定施工作业点线路保护区位置临时装设限高装置，注明限高高度，防止吊车或水泥泵车车臂进入线路防护区。乡镇供电所要组织台区经理对迁移后的10kV吕厂线34号杆、10kV岗湖线35号杆加强警示标示、防撞墩安装，有条件时提出计划，对10kV吕厂线和10kV岗湖线线路进行绝缘化改造。

十三、典型案例 13

1. 故障情况

××××年××月××日13时55分，110kV胜利变电站10kV齐昆线过流保护动作跳闸，10kV齐昆线63断路器跳闸重合成功。

2. 原因分析

110kV胜利变电站10kV齐昆线故障发生后，乡镇供电所根据调度命令立即组织台区经理对110kV胜利变电站10kV齐昆线进行故障巡视检查，经现场检查发现110kV胜利变电站10kV齐昆线55号杆T接侯庄支线01号杆线路下方挖掘机野蛮施工作业，挖臂碰触U、V相线路引发短路，导致10kV齐昆线线路跳闸。

3. 存在问题

（1）10kV齐昆线55号杆T接侯庄支线01号杆只装设隔离开关，未装设跌落式熔断器或智能断路器，当10kV齐昆线55号杆T接侯庄支线01号杆线路下方挖掘机挖臂碰触U、V相线路引发短路时，隔离开关不能断开故障，导致110kV胜利变电站10kV齐昆线63断路器跳闸。

（2）台区经理责任心不强，巡视质量不高，检查不到位，缺乏有效的管控措施，没有提前做好电力设施保护宣传工作，未能及时发现线下施工作业，没有提前与施工单位对接告知危险点，没有现场制止施工单位野蛮违章作业。

（3）10kV齐昆线55号杆T接侯庄支线线路为裸导线，当10kV齐昆线55号杆T接侯庄支线01号杆线路下方挖掘机挖臂碰触U、V相线路引发短路时，如果线路为绝缘导线就可以避免故障发生。

4. 整改措施

（1）乡镇供电所组织台区经理对辖区内的吊车、水泥罐车等特种工程车辆车主、驾驶员及大型工程项目经理、施工员、安全员等相关人员数据进行登记，建立台账资料，及时开展电力安全知识培训，定期发送安全提醒短信，充分利用公益广告、媒体宣传等方式推动培训宣传工作常态化。

（2）乡镇供电所加强配电线路及配电设备的巡视力度，重点检查配电线路下是否有即将作业的施工场所，对这些重点场所进行重点监测。乡镇供电所安全质量员和运检技术员同时检查台区经理巡视相同线路的记录，同时查看重点线路、隐患易发区域的照片，综合判断巡视中发现的隐患和缺陷，以及消缺计划完成情况，通过巡视、消缺、检查的闭环管理提升配网设备健康水平，实现配网线路零跳闸。

（3）对类似用电客户进行排查，指导督促用电客户安装跌落式熔断器或智能断路器，有条件的情况下可以将裸导线更换为绝缘导线。

十四、典型案例 14

1. 故障情况

××××年××月××日10时23分，110kV大街变电站10kV柳庄线Ⅰ段保护动作跳闸，10kV柳庄线61断路器跳闸重合不成功。

2. 原因分析

110kV大街变电站10kV柳庄线故障发生后，乡镇供电所根据调度命令立即组织台区经理对110kV大街变电站10kV柳庄线进行故障巡视检查，经现场检查发现110kV大街变电站10kV柳庄线虞村支线11杆分界断路器爆炸，导致110kV大街变电站10kV柳庄线Ⅰ段保护动作跳闸，10kV柳庄线61断路器重合不成。

3. 存在问题

（1）分界断路器为内置 TV，使用年限较长，且存在质量问题和安全隐患。

（2）台区经理责任心不强，巡视质量不高，检查不到位，没有发现 110kV 大街变电站 10kV 柳庄线虞村支线 11 杆周围有可燃物堆积，可燃物堆积很高，燃烧时火焰直至 10kV 柳庄线虞村支线 11 杆分界断路器。

4. 整改措施

（1）严格控制引发火灾发生的可燃物，如果巡视发现在配电设施附近堆放易燃物及可燃物应立即制止，认真做好电气设备的防火、短路、过负荷等措施。搞好防火安全，增强防火意识。

（2）乡镇供电所要加强配电线路及设备的巡视力度，对此类断路器进行巡视测温，及时发现设备缺陷，立即处理。对在配电设备附近堆积易燃物的，必须进行移除。对不能进行移除的，乡镇供电所联系用电客户，要求移除；用电客户拒不移除，乡镇供电所可以联系村委下达隐患通知书，必须将隐患消除在萌芽状态。

（3）结合停电计划，在此类断路器前加装隔离开关，出现故障及时隔离，缩小停电范围。有条件时逐步淘汰更换此类分界断路器，采用外置 TV 式分界断路器来替代内置 TV 式分界断路器。严格新设备验收标准，加强施工过程管控，避免安装时分界断路器带缺陷投入运行。

十五、典型案例 15

1. 故障情况

×××× 年 ×× 月 ×× 日 15 时 16 分，110kV 平安变电站 10kV 上林Ⅰ线、上林Ⅱ线Ⅰ段保护同时动作跳闸，10kV 上林Ⅰ线 61 断路器、10kV 上林Ⅱ线 62 断路器同时跳闸重合成功。

2. 原因分析

110kV 平安变电站 10kV 上林Ⅰ线、上林Ⅱ线故障发生后，乡镇供电所根据调度命令立即组织台区经理对 110kV 平安变电站 10kV 上林Ⅰ线、上林Ⅱ线进行故障巡视检查，现场检查发现 110kV 平安变电站 10kV 上林Ⅰ线、上林Ⅱ线为同杆架设，均为裸导线，大风大雨天气将大棚用电客户的带有铁丝的废旧棚膜刮到 38 号杆至 39 号杆线路上，导致 10kV 上林Ⅰ线、上林Ⅱ线同时短路跳闸。

3. 存在问题

（1）乡镇供电所台区经理对线路附近大棚用电客户潜在隐患无预见性，责任心不强，检查不到位，没有及时发现存在的隐患并督促用电客户进行整改。

（2）乡镇供电所安全管理不到位，巡视工作流于形式，没有认真梳理辖区存在安全隐患，导致10kV上林Ⅰ线、上林Ⅱ线同时短路跳闸。

4. 整改措施

（1）乡镇供电所台区经理应在大棚密集区、废旧棚膜代售点、厂房区域等地张贴宣传告示，提醒农户做好废旧棚膜管理，协助农户做好大棚加固，开展废旧棚膜清理回收，有效减少废旧棚膜对电网产生的影响。加强线路巡视，对同类现场进行再排查，及时联系督促用电客户进行加固处理，避免类似事故发生。

（2）乡镇供电所应制作多种简单易懂的护线宣传材料，发放护线宣传品，广泛宣传电力设施保护法律法规，使大棚或厂房区域用电客户认识到保护电力设施的重要性，加固处理危害性、危险性，提高群众依法保护电力设施的意识。

（3）加强乡镇供电所安全管理，建立健全10kV

配电线路护区安全隐患台账，加强配电线路及配电设备的巡视力度，重点检查 10kV 配电线路下是否有在建或已经建立的大棚或厂房区域，要对这些重点场所进行重点监测。乡镇供电所安全质量员和运检技术员同时检查台区经理巡视相同线路的记录，同时查看重点线路、隐患易发区域的照片，综合判断巡视中发现的隐患和缺陷，以及消缺计划完成情况，通过巡视、消缺、检查的闭环管理提升配网设备健康水平。

（4）乡镇供电所运检技术员要对 10kV 配电线路护区内的大棚、厂房区域等存在的安全隐患进行统计，对大棚、厂房区域等靠近 10kV 配电线路的裸导线提出绝缘化改造计划，上报县供电公司。

十六、典型案例 16

1. 故障情况

××××年××月××日 13 时 51 分，110kV 寒山泉变电站 10kV 东韩线Ⅰ段保护动作跳闸，10kV 东韩线 61 断路器跳闸重合成功。

2. 原因分析

110kV 寒山泉变电站 10kV 东韩线故障发生后，乡镇供电所根据调度命令立即组织台区经理对

110kV寒山泉变电站10kV东韩线进行故障巡视检查，现场检查发现110kV寒山泉变电站10kV东韩线29号杆横担上有鸟筑巢，由于大风大雨天气，加之鸟巢中有铁丝，导致10kV东韩线29号杆U相、W相相间短路、线路跳闸，10kV东韩线线路重合成功。10kV东韩线线路跳闸后，乡镇供电所立即安排台区经理现场对故障线路进行巡视，巡视现场发现10kV东韩线29号杆有鸟筑巢，乡镇供电所安全质量员办理好工作票，配电营业班班长填写派工单，安排好工作负责人和工作人员，乡镇供电所运检技术员立即组织台区经理对10kV东韩线29号杆横担上的鸟巢进行现场清理。

3. 存在问题

乡镇供电所安全管理不到位，台区经理对10kV配电线路和设备巡视管理存在漏洞，巡视工作流于形式，没有认真梳理辖区存在的安全隐患，台区经理没有及时发现鸟巢，导致10kV东韩线61断路器跳闸。

4. 整改措施

（1）利用10kV东韩线停电时间，台区经理在10kV东韩线29号杆横担处安装驱鸟装置。乡镇供电所台区经理要严格按照检修工艺标准进行安装，乡镇供电所运检技术员要做好现场验收，严把质量关，不允许驱鸟装置带缺陷投入运行。

（2）加强 10kV 配电线路及配电设备的巡视力度，春季应对鸟巢频频出现的线路地段增加巡视次数，至少每周检查巡视一次，确保及时发现鸟巢，发现后立即清理。建立健全 10kV 配电线路护区安全隐患台账，重点检查 10kV 配电线路上是否有鸟巢，对 10kV 配电线路上经常有鸟筑巢的地点要进行重点监测。乡镇供电所台区经理要对巡视发现的新筑鸟巢做好记录，同时对新筑鸟巢进行拍照并留存好照片，乡镇供电所运检技术员要根据台区经理发现的新筑鸟巢，查看记录和照片，综合进行分析和判断，制订隐患和缺陷消缺计划，组织乡镇供电所台区经理完成现场鸟巢清理工作。

（3）乡镇供电所运检技术员要根据台区经理发现的新筑鸟巢，绘制 10kV 配电线路“故障云图”，每周进行分析，对鸟害区域进行细致划分，制订改进技术改造计划，上报县供电公司，待县供电公司批复后组织乡镇供电所台区经理实施。同时对用电客户防鸟害工作的实施加强管理，乡镇供电所管辖的 10kV

配电线路和用电客户设备要同抓同管，落实专变用电客户隐患排查治理工作。

（4）针对鸟害问题，乡镇供电所可采用对 10kV 配电线路局部进行绝缘化改造的方式，对 10kV 配电线路中的跳线、跌落熔断器、隔离开关等裸露部分加装绝缘护套。对鸟巢频频出现地段安装防鸟装置或者占位器，在双横担处加装新型驱鸟装置，有条件时，将双横担改为单横担，从技术上防止鸟害发生。

十七、典型案例 17

1. 故障情况

××××年××月××日 15 时 11 分，110kV 营口变电站 10kV 九台线过流保护动作跳闸，10kV 九台线 83 断路器跳闸重合成功。

2. 原因分析

110kV 营口变电站 10kV 九台线故障发生后，乡镇供电所根据调度命令，立即组织台区经理对 110kV 营口变电站 10kV 九台线进行故障巡视检查，现场检查没有发现问题，但因当时正值雷雨天气，并听线路附近居民讲述，经巡视检查，发现 10kV 九台线 42 号杆避雷器爆炸。初步判断为

10kV 九台线 42 号杆避雷器落雷导致线路跳闸。

3. 存在问题

（1）10kV 九台线故障点为每年多雷地区，雷雨天气容易造成线路落雷故障。

（2）10kV 九台线 42 号杆安装的避雷器接地下引线与接地极连接点被雷击烧断，42 号杆安装的避雷器遭雷击发生爆炸，导致 10kV 九台线过流保护动作跳闸。

4. 整改措施

（1）对 10kV 九台线安装的避雷器进行一次全面检查，10kV 九台线安装的避雷器接地下引线应更换使用不小于 $25mm^2$ 铜芯绝缘线或不小于 $35mm^2$ 铝芯绝缘线。下引线与接地极连接时采用不小于 4mm × 40mm 镀锌扁钢。配电线路安装的避雷器接地装置在投入运行前必须按照要求进行验收，验收资料必须有合格的接地电阻测量报告。

（2）乡镇供电所应加强线路巡视检查力度，结合雷雨天气跟踪巡视分析，观测落雷地段，及时采取防雷措施。为了保证防雷设施具有良好的保护性能，每年在雷季到来之前，乡镇供电所应列出防雷工作计划，对防雷设施进行检查、测试。及时掌握防雷设施是否处于正常状况，装置运行是否良好，对检查、测试中发现的不合格项应及时处理，杜绝隐患。10kV配电线路巡视中应检查接地极是否接触良好，是否有松动锈蚀断股现象，如果有，必须按照缺陷进行记录消除。每年春季组织乡镇供电所人员对10kV配电设备进行接地电阻测量。

（3）对雷电频繁区域的10kV配电线路安装避雷器。由于山区土壤的电阻率普遍较高，为满足线路耐雷水平的要求，乡镇供电所对新建线路杆塔，必须严格执行施工、验收标准，对运行的线路杆塔，在雷季来临之前，必须进行接地电阻测量，可采用增设接地扁铁、加大接地面积、接地槽换土、敷设降阻剂等措施，有效降低接地电阻值，起到防雷的目的。

十八、典型案例18

1. 故障情况

××××年××月××日15时11分，110kV同州变电站10kV西园线过流保护动作跳闸，10kV西园线85断路器跳闸重合成功。

2. 原因分析

110kV同州变电站10kV西园线故障发生

后，乡镇供电所根据调度命令立即组织台区经理对110kV同州变电站10kV西园线进行故障巡视检查，现场检查没有发现线路有异常，所带用电客户顺运建筑有限公司配电室变压器、电缆、断路器检查试验无问题，经检测发现为10kV西园线顺运支线26号杆分界断路器负荷侧U相、V相绝缘降低造成。顺运建筑有限公司现有变压器4台，容量7850kVA，长期过负荷运行，系统采集高压电流330A，属于长期重载运行，导致分界断路器绝缘性能降低引起10kV西园线配电线路跳闸。10kV西园线顺运支线26号杆分界断路器动作跳闸，配电自动化动作正确。

3. 存在问题

（1）用电客户电工对10kV西园线顺运支线26号杆分界断路器长期重载运行潜在隐患无预见性，巡视流于形式，巡视不到位，由于10kV西园线顺运支线26号杆分界断路器长期重载运行，致使绝缘性能降低，导致10kV西园线85断路器跳闸。

（2）没有利用测温仪对配电设备进行测温、测负荷，对于配电设备长期过负荷没有从思想上重视，缺乏有效的管控措施。

4. 整改措施

（1）指导用电客户利用测温仪对配电设备进行测温、测负荷，利用超声波仪器对配电设备进行局放检测，及时发现设备本体故障并尽快处理。

（2）督促用电客户加强配电线路及设备的巡视，排查过负荷配电设备，过负荷配电设备已经存在故障隐患的，及时联系督促用电客户进行处理，避免类似事故发生。

（3）乡镇供电所要汇报上级部门及时调整配电网负荷，合理分配，避免 10kV 配电线路及配电设备发生重载运行，持续提高配电设备安全运行。

十九、典型案例 19

1. 故障情况

×××× 年 ×× 月 ×× 日 09 时 31 分，110kV 洪家变电站 10kV 庙子线过流保护动作跳闸，10kV 庙子线 66 断路器跳闸重合成功。

2. 原因分析

110kV 洪家变电站 10kV 庙子线故障发生后，乡镇供电所根据调度命令，立即组织台区经理对 110kV 洪家变电站 10kV 庙子线进行故障巡视检查，现场用望远镜观察发现10kV庙子线48号杆V相与W相弓子线上有放电断股痕迹。故障原因是恶劣大风天气，风刮起反光膜搭在10kV庙子线上引起V相与W相短路，导致110kV洪家变电站10kV庙子线66断路器跳闸重合成功。

3. 存在问题

（1）乡镇供电所对配电设备运行管理不到位，乡镇供电所台区经理责任心不强，对配电运行设备巡视检查不及时，对配电线路护区内存在的锡反光膜没有引起重视，没有及时完成对配电线路护区内含有锡反光膜的清理工作。

（2）在苹果种植中，广泛使用含有锡的反光膜，每年发生多起导线悬挂反光膜故障隐患，遇有大风阴雨天，潮湿天气导致反光膜刮到10kV庙子线48号杆线路上出现短路，致使110kV洪家变电站10kV庙子线过流保护动作跳闸。

4. 整改措施

（1）乡镇供电所要加强10kV配电线路及设备的运行维护，乡镇供电所运检技术员要制定《乡镇供电所月度配电线路及设备巡视计划》，配电营业班班长组织台区经理按照《乡镇供电所月度配电线路及设备巡视计划》开展设备巡视，重点巡视苹果种植园区内使用含有锡的反光膜，对废旧反光膜要及时清理，发现废旧反光膜危及10kV配电线路及设备的要做好记录，及时处理。

（2）乡镇供电所在特殊天气后要组织台区经理进行特巡检查。特别是大风天气时要及时组织乡镇供电所台区经理进行特巡。对10kV配电线路附近废旧反光膜要及时清理，叮嘱用电客户做好防止废旧反光膜刮到10kV配电线路上的措施。按照上级要求，集中开展春季和秋季废旧反光膜治理活动。

二十、典型案例20

1. 故障情况

××××年××月××日13时55分，110kV北江变电站10kV化肥线Ⅰ段保护动作跳闸，10kV化肥线86断路器跳闸重合成功。

2. 原因分析

110kV北江变电站10kV化肥线故障发生后，乡镇供电所根据调度命令立即组织台区经理对110kV北江变电站10kV化肥线进行故障巡视检查，现场检查发现110kV北江变电站10kV化肥线

11 号杆用电客户松山铝业股份有限公司高压断路器进线柜进入老鼠，引起高压断路器进线侧 W 相与 V 相发生相间短路，导致 110kV 北江变电站 10kV 化肥线线路跳闸，由于是瞬时故障，所以 10kV 化肥线 86 断路器跳闸重合成功。

3. 存在问题

（1）用电客户电工对用电客户配电室巡视不认真、检查不到位，配电室设备巡视记录有登记但没有发现问题，配电设备巡视流于形式，对潜在隐患无预见性。

（2）用电客户配电室通往室外的电缆沟没有封堵，用电客户配电室大门没有安装防鼠挡板，用电客户配电室底层通风窗隔离网损坏，高压断路器进线柜电缆空洞没有封堵，电缆沟盖板没有复位，由于天气变冷，这些缺陷的存在都会导致老鼠从室外进入室内。

4. 整改措施

（1）加强与用电客户沟通，不断开展对用电客户电工的安全责任教育，提高用电客户电工的工作责任心，夯实用电客户自身的巡视质量，定期对设备进行预防性试验，提前发现问题，把问题消除在萌芽中。指导用电客户电工对自己所辖的配电室设备进行巡视检查，重点是对防小动物进行检查，发现异常情况及时整改。

（2）指导用电客户对其管辖的配电室加装防鼠挡板，进出配电室的电缆孔洞应用防火材料进行严密封堵。电缆沟应覆以与地面齐平而坚固的盖板。电缆沟内检修作业结束后，需将电缆盖板恢复原状，在配电室放置老鼠药和鼠夹，对已经损坏的配电室底层通风窗隔离网进行更换。

（3）针对用电客户配电室通往室外的电缆沟没有封堵、用电客户配电室大门没有安装防鼠挡板、用电客户配电室底层通风窗隔离网损坏、高压断路器进线柜电缆空洞没有封堵、电缆沟盖板没有复位等问题，乡镇供电所也要组织台区经理对乡镇供电所管辖的配电室进行检查，发现类似问题及时处理。

二十一、典型案例 21

1. 故障情况

××××年××月××日 10 时 11 分，110kV 尚家庄变电站 10kV 尚闻线Ⅰ段保护动作跳闸，10kV 尚闻线 67 断路器跳闸重合成功。

2. 原因分析

110kV尚家庄变电站10kV尚闻线故障发生后，乡镇供电所根据调度命令，立即组织台区经理对110kV尚家庄变电站10kV尚闻线进行故障巡视检查，现场检查发现110kV尚家庄变电站10kV尚闻线18号杆横担上有鸟筑巢，由于大风大雨天气，加之鸟巢中有铁丝，导致10kV尚闻线18号杆U相、V相相间短路引起线路跳闸，10kV尚闻线线路重合成功。10kV尚闻线线路跳闸后，乡镇供电所立即安排台区经理现场对故障线路进行巡视，巡视现场发现10kV尚闻线18号杆有鸟筑巢，乡镇供电所安全质量员办理好工作票，配电营业班班长填写派工单，安排好工作负责人和工作人员，乡镇供电所运检技术员立即组织台区经理采用新型“鸟巢带电安全清理装置”对10kV尚闻线18号杆横担上的鸟巢进行现场清理。

3. 存在问题

（1）鸟巢大部分是由稻草、灌木、甚至还有铁丝等金属材料筑成的。过云清理鸟巢方法有停电清理、使用带电车清理和人员登杆使用绝缘操作杆带电清理等方式。停电清理势必会导致线路频繁停电，影响供电可靠性；使用带电车处理，带电车受现场地理环境的限制，绝大多数隐患无法实施；使用绝缘操作杆带电清理鸟巢，要从横担的下方将鸟巢顶起后才能将鸟巢清除，但是在将鸟巢顶起时，鸟巢中的铁丝或其他金属材料也有可能会碰触导线，导致线路单相接地或相间弧光短路，导致线路停电，严重者会对操作人员产生烧伤或电击。

（2）虽然 10kV 尚闻线 18 号杆横担上的鸟巢已经由台区经理清理，但是因鸟类在繁殖期对搭建鸟巢的欲望非常强烈，台区经理对鸟巢清理后，很快又会搭建起新巢，因此清理后还会再次搭建。杆塔上已投运的驱鸟器，经过长时间的运行，有些驱鸟器已经损坏，失去了驱鸟的作用。

4. 整改措施

采用一种新型“鸟巢带电安全清理装置”，此装置固定在绝缘操作杆（令克杆）的顶端，不破坏绝缘操作杆的性能，清理鸟巢时，顶端的机械手呈张开状态，上方的卡位棘轮和卡位棘爪与卡位扭簧配合，保持上方的机械手不下落，下方棘爪是固定的，使用时，靠近连接件的卡位棘轮和归位棘轮在下，远离连接件的卡位棘轮和归位棘轮在上，将机械手下方的固定棘爪从鸟巢的一侧贴着横担的上沿水平插入鸟巢的底部，拉动上方的卡位拉绳，对应的卡位棘爪脱离卡位棘轮，在卡位扭簧的作用下，卡位棘轮转动，上方的机械手下落，此时，鸟巢被卡在机械手内部，通过操作杆将鸟巢从高压线杆上水平抓出横担取下，避免了鸟巢中的金属材料碰触导线引起线路跳闸故障的发生。鸟巢从高压线杆取下后，需要打开机械手将鸟巢与机械手分离。首先拉动上方的归位拉绳，对应的归位棘爪脱离归位棘轮，在归位扭簧的作用下，归位棘轮转动，上方的机械手上升，机械手又重新回到张开状态，与鸟巢分离，完成鸟巢的清理工作。

二十二、典型案例 22

1. 故障情况

××××年××月××日 18 时 16 分，220kV 舜昌变电站 10kV 番宇线过流 I 段保护动作跳闸番宇线 61 断路器，10kV 番宇线重合闸停用，所以 10kV 番宇线重合闸不动作，导致 220kV 舜昌变电站 10kV 番宇线线路停电。

2. 原因分析

220kV 舜昌变电站 10kV 番宇线故障发生后，乡镇供电所根据调度命令，立即组织台区经理对

220kV 舜昌变电站 10kV 番宇线进行故障巡视检查，现场检查发现 220kV 舜昌变电站 10kV 番宇线 38 号杆 T 接灌溉支线 38-06 号杆下有烧黑的树枝，杆上横担处有散落的树枝。初步判断由于鸟叼树枝掉落在灌溉支线 38-06 号杆电缆头上，导致电缆头处 U 相、W 相相间短路，短路电弧导致 38-06 号杆电缆头引线断线，致使 220kV 舜昌变电站 10kV 番宇线过流 I 段保护动作跳闸番宇线 61 断路器，因为 10kV 番宇线电缆化率为 61.5%，所以 10kV 番宇线重合闸在“停用”位置，10kV 番宇线重合闸不动作。

3. 存在问题

（1）10kV 番宇线 38 号杆灌溉支线 38-06 号杆横担上的鸟巢一个月前已经由台区经理清理过，但此处隐患点没有引起乡镇供电所的高度重视，普遍认为鸟巢已经被清除，隐患点已经不复存在，因此乡镇供电所就没有安排在 10kV 番宇线 38 号杆灌溉支线 38-06 号杆横担上安装驱鸟器的工作计划，由于鸟类在繁殖期对搭建鸟巢的欲望非常强烈，台区经理对鸟巢清理后，很快又会搭建起新巢。

（2）台区经理发现 10kV 番宇线 38 号杆灌溉支

线38-06号杆有鸟巢后，虽然进行了清理，但没有引起高度重视，没有将此处隐患统计上报，在10kV番宇线进行绝缘化改造时没有对10kV番宇线38号杆灌溉支线38-06号杆电缆头接头进行绝缘包封，当鸟叼树枝掉落在灌溉支线38-06号杆电缆头上时，导致电缆头处U相、W相相间发生弧光短路，导致220kV舜昌变电站10kV番宇线过流Ⅰ段保护动作跳闸，线路停电。

（3）由于乡镇供电所台区经理设备巡视区域重新分工，10kV番宇线由新入职台区经理进行巡视，存在巡视范围不清、巡视设备质量达不到要求、巡视设备到位率不高的问题，致使此处隐患没有及时发现，最后发展成事故，导致跳闸停电。

4. 整改措施

（1）乡镇供电所立即安排工作计划在10kV番宇线38号杆灌溉支线38-06号杆横担上安装超声波驱鸟器、风力闪光驱鸟器、防鸟锥等防鸟筑巢的安全措施。

（2）乡镇供电所运检技术员组织开展对乡镇供电所管辖10kV线路裸露点进行的专项排查行动，建立10kV线路裸露点统计档案，将10kV线路裸露点隐患统计上报，结合10kV线路停电检修，由县供电公司安排对10kV番宇线进行绝缘化改造，特别对10kV番宇线38号杆灌溉支线38-06号杆电缆头接头进行绝缘包封，对10kV电缆头接头、T接点进行绝缘包封，尽快消除缺陷隐患。

（3）乡镇供电所运检技术员要对新入职台区经理进行设备巡视专业的培训，同时还应不定期开展有针对性的业务培训及规章制度宣贯，确保新入职台区经理及时掌握配电设备的运维新要求，不断提升新入职台区经理的业务技能水平，新入职台区经理必须经考试合格后上岗。

（4）对于缺乏巡视工作经验的台区经理，配电营业班班长应组织师带徒，安排老少配，配备老师傅带领新学员共同完成设备巡视工作，老师傅带领新学员在现场开展线路设备的巡视现场交底、巡视业务技能培训及安全作业规程培训工作，从根本上提高设备巡视到位率、隐患消除率。

二十三、典型案例23

1. 故障情况

××××年××月××日05时21分，

110kV渠江变电站10kV朝雅线过流、速断保护动作，110kV渠江变电站10kV朝雅线81断路器跳闸，因为10kV朝雅线重合闸停用，所以10kV朝雅线重合闸不动作，导致110kV渠江变电站10kV朝雅线线路停电。

2. 原因分析

110kV渠江变电站10kV朝雅线故障发生后，乡镇供电所根据调度命令，立即组织台区经理对110kV渠江变电站10kV朝雅线进行故障巡视检查，经现场检查发现10kV朝雅线31号杆U相避雷器有明显放电痕迹，由于当天早晨天气有雷电暴雨，10kV朝雅线31号杆U相避雷器遭雷击后发生单相接地，接地时间较长，致使10kV朝雅线非接地相V相、W相电压同时升高，导致10kV朝雅线106环网箱至10kV朝雅线31号杆之间008号电缆井内电力电缆中间头短路，引起110kV渠江变电站10kV朝雅线过流、速断保护动作跳开10kV朝雅线81断路器，导致110kV渠江变电站10kV朝雅线线路停电。因为10kV朝雅线电缆化率为46%，所以10kV朝雅线重合闸在“停用”位置，10kV朝雅线重合闸不动作。由于008号电缆井内电缆中间头制作于

2000 年，已经运行二十多年，且电缆中间头制作工艺存在缺陷，加之 008 号电缆井内环境密闭潮湿，当出现恶劣天气导致避雷器击穿发生单相接地时，电缆中间头绝缘性能降低形成薄弱点，导致 008 号电缆井内电力电缆中间头短路。008 号电缆井内电缆中间头制作工艺存在缺陷是本次跳闸的直接原因。

3. 存在问题

（1）乡镇供电所对台区经理正常巡视管理不到位，对台区经理巡视质量和效果没有进行有效评价和考核，特别是对电力电缆的巡视更是流于形式，对电缆井内的电力电缆基本不巡视，认为电力电缆不会有问题，即便内部存在问题也很难发现。台区经理缺乏对电力电缆的隐患辨识能力，对运行环境差的电缆中间头也没有引起高度重视，乡镇供电所台区经理没有对运行环境差的电力电缆中间头进行运行温度检测，08 号电缆井内电力电缆中间头存在的隐患没有被及时消除。

（2）由于 008 号电缆井内电缆中间头制作工艺不规范，没有达到规程标准要求，008 号电缆井内电缆中间头长期存在缺陷运行也没有被运维人员及时发现。

4. 整改措施

（1）加强和规范电力电缆的巡视，乡镇供电所要求台区经理按照电力电缆的巡视周期进行巡视。对于敷设在土中、隧道中以及沿桥梁架设的电力电缆，最小巡视周期为3个月；对于电缆竖井内的电力电缆，最小巡视周期为6个月；电缆终端头视现场运行情况1~3年停电检查一次。巡视电力电缆时，应重点检查电缆线路，电缆线路上不应堆置瓦砾、矿渣、建筑材料、酸碱性排泄物或砌堆石灰坑等。对于敷设在地下的每根电力电缆，应检查路面是否正常。有无挖掘痕迹及电力电缆标桩是否完整无缺。对于户外与架空线连接的电缆和终端头，应检查终端是否完整，引出线的连接点有无发热现象，靠近地面一段电缆是否被车辆碰撞等。对于多根并列运行的电力电缆，要检查电流分配和电力电缆外皮的温度情况，防止因连接点接触不良而引起电力电缆过负荷或烧坏。要根据电力电缆过负荷情况，组织对电力电缆进行特殊测温巡视，发现异常及时汇报处理。要检查电力电缆的接地线是否完好无损。

（2）针对电缆中间头，乡镇供电所组织台区经理对照设备台账，对所有电力电缆中间头进行一次全面排查，记录电力电缆的最高负荷、运行环境、电缆长度、电缆型号、制作年限、检修情况、隐患缺陷情况等信息，更新设备台账。根据排查结果，对存在隐患和缺陷的电力电缆中间头逐一制定消缺方案，结合电力电缆停电检修，重新制作电缆中间头。

（3）加强专业培训，乡镇供电所组织台区经理了解电缆井的运行环境、电缆头制作工艺，让台区经理明确电缆中间头一般用于两条电缆之间的接续和分支电缆的连接，电力电缆中间头可能存在哪些缺陷以及隐患如何排查。

（4）制作电缆中间头时要严格执行工艺标准。制作热缩式电缆中间头时，要严格按照规程要求对电缆进行剥切。连接电缆前先把各层的热缩管套在电缆上，每相线芯上的热缩套管在留头较长的一边，将线芯压接好后，把各相线热缩管移到压接位置，中心对压后再进行加热，从中心向两边均匀加热收缩。三根线芯热缩好后，收拢用塑料带缠绕扎紧，两端缠两层热熔胶带，把热缩内护套移动后对正，从中心向外加热收缩，如果有铠装，在热缩内护套外面上铠铁盒，并用油麻绳扎紧，焊好接地线，将热缩外护套移动后对正进行热缩处理。

二十四、典型案例 24

1. 故障情况

××××年××月××日18时56分，110kV角岭变电站10kV德顺线速断保护动作，10kV德顺线83断路器跳闸后重合成功。

2. 原因分析

110kV角岭变电站10kV德顺线故障发生后，乡镇供电所根据调度命令，立即组织台区经理对110kV角岭变电站10kV德顺线进行故障巡视检查，经现场检查发现10kV德顺线21号杆新奉支线大业陶瓷厂用电客户配电室的250kVA配电变压器烧毁。通过调取用电信息发现，大业陶瓷厂用电客户配电室的250kVA配电变压器投运日期为1997年，已经运行25年之久，事故发生前一年刚刚完成配电变压器试验，部分试验结果为合格，个别试验资料不齐全。但大业陶瓷厂用电客户配电室运行的250kVA配电变压器长期存在过负荷用电现象，10kV配电变压器经常处于过载状态，导致配电变压器绝缘老化，绝缘性能下降。事故发生时该10kV配电变压器仍处于严重过载的运行状态，致使配电变压器绝缘击穿，引发短路起火，导致110kV角岭变电站10kV德顺线故障跳闸。

3. 存在问题

（1）乡镇供电所在对用电客户电气设备的安全管理上没有尽到应有的责任，在发现用电客户电气设备存在严重隐患时，处理措施不果断，没有采取有效的消除隐患措施，也没有下发给用电客户电气设备隐患整改通知单，用电检查不规范，巡视人员对用电客户电气设备的巡视检查流于形式，对用电客户电气设备的隐患存在见多不怪现象。

（2）乡镇供电所对用电客户电气设备运行状况不掌握、不了解，尤其是对使用年代久远的老、旧电气设备、重过载等设备存在的隐患缺乏了解和分析，用电客户对自己的电气设备的巡视不标准、不规范，也没有采取带电检测等手段，台区经理没有针对各类隐患向用电客户下达隐患治理通知书。

（3）乡镇供电所的台区经理对用电客户电气设备的检查不到位、不全面，虽然用电客户按期对电气设备做过试验，但没有仔细地对试验内容、试验单位、试验结论等情况进行详细检查和分析，盲目相信用电客户的一面之词。

4. 整改措施

（1）乡镇供电所应制定《用电客户用电检查工作计划》，组织台区经理按照计划中的工作任务、完成时间、工作要求实施。

（2）台区经理对用电客户实施现场检查时，人数不得少于两人。

（3）台区经理在执行用电巡检任务时必须向用电客户出示“用电检查证”。现场检查时，应遵守用电客户的保卫、保密制度，不得将与检查工作无关人员带入现场，严禁在用电检查中代替用电客户进行电气操作。

（4）台区经理在进行用电客户电气设备现场检查时，应先核对用电客户基本情况是否与营销管理信息系统及“供用电合同”信息相符。如果信息不相符，则应做好记录。

（5）台区经理现场检查发现用电客户电气设备安全管理及运行状况存在一般设备缺陷、安全措施不完善、不健全的情况时，应下达“用电检查结果通知书”，要求用电客户限期整改。对超出预防性试验周期、拒绝按照试验周期或规定项目试验的用电客户，应下达《用电检查结果通知书》，限期进行试验。

（6）台区经理发现用电客户电气设备运行、管理方面存在危急隐患缺陷和重大隐患缺陷的，应在现场下达“用电检查结果通知书”，并在详细分析后下达《安全隐患告知书》，要求用电客户及时整改，待消除隐患缺陷后方可投运。

（7）台区经理现场检查时应查看用电客户设备缺陷记录、用电客户消缺情况和整改完成情况。对于拒不整改的，台区经理将有关情况上报电力管理部门，直到问题解决。现场检查必须做好安全防护措施，注意现场检查时台区经理必须保持与带电设备的安全距离。

（8）台区经理对用电客户现场检查完毕后，应根据检查情况填写“用电检查工作单”，经用电客户签字，一份由用电客户留存，一份由台区经理带回乡镇供电所存档备案。

（9）台区经理应在“用电检查结果通知书”规定期限内对用电客户整改情况进行复查，根据复查结果下达“用电检查结果通知书”，一式两份，经用电客户签字后，一份由用电客户留存，一份由台区经理带回存档备案。

（10）乡镇供电所应组织台区经理全面排查重过

载用电客户电气设备，下达隐患通知书，同时加强此类设备的巡视和检查力度，督促用电客户及时消除隐患，确保配电网安全可靠运行。对于有增容需求的用电客户，增容前乡镇供电所运检技术员要做好负荷监测工作，发现有接近满负荷和超容量使用的，应立即组织台区经理上门督促用电客户采取负荷压降措施。结合线路停电检修对自身设备进行清扫维修并做预防性试验，乡镇供电所安排台区经理到位监督，确保检修和试验质量。

二十五、典型案例 25

1. 故障情况

××××年××月××日07时45分，220kV陇潘变电站10kV五华线过流Ⅰ段保护动作跳开220kV陇潘变电站10kV五华线62断路器，10kV五华线62断路器跳闸后没有重合，因为10kV五华线重合闸停用，所以10kV五华线重合闸不动作，导致220kV陇潘变电站10kV五华线线路停电。

2. 原因分析

220kV陇潘变电站10kV五华线故障发生后，

乡镇供电所根据调度命令，立即组织台区经理对220kV陇潘变电站10kV五华线进行故障巡视检查，经现场检查发现10kV五华线17号杆T接线17-02号杆上三相跌落熔断器熔断，U、V、W三相全部跌落，10kV五华线17号杆T接线用电客户为溪原电器设备有限公司，在用电客户工厂内发现沿墙敷设的10kV电力电缆受损断股并有放电灼烧痕迹，经调查溪原电器设备有限公司在厂区新建设备厂房，对原来旧设备厂房进行了拆迁，施工中误伤厂区内沿墙敷设的10kV电力电缆，导致10kV电力电缆短路，引起220kV陇潘变电站10kV五华线故障跳闸。施工误伤电力电缆引起10kV电力电缆短路是导致220kV陇潘变电站10kV五华线停电的主要原因。因为10kV五华线电缆化率为65%，所以10kV五华线重合闸在“停用”位置，10kV五华线重合闸不动作。

3. 存在问题

（1）220kV陇潘变电站10kV五华线主干线由两组断路器分为三段，10kV五华线15号杆上安装一台1FD分段断路器，10kV五华线1FD分段断路器为自动化断路器设备。10kV五华线17号杆T接线后的电力电缆故障正好位于10kV五华线第一个1FD分段断路器后的第二区段，当溪原电器设备有限公司电力电缆发生相间短路故障时，应该是10kV五华线1FD分段断路器动作，但1FD分段断路器未及时动作跳闸，导致220kV陇潘变电站10kV五华线过流Ⅰ段保护动作跳开220kV陇潘变电站10kV五华线62断路器，致使10kV五华线全线停电，扩大了停电范围。经现场读取信息，10kV五华线1FD分段断路器定值设置与220kV陇潘变电站内10kV五华线62断路器不匹配，未能隔离故障以达到缩小故障的目的。

（2）乡镇供电所台区经理对溪原电器设备有限公司厂区内新建设备厂房，将原来旧设备厂房拆迁一无所知，溪原电器设备有限公司电工对施工中有可能造成10kV电力电缆损伤的情况也没有做出必要的安全措施，既没有提醒施工单位施工安全注意事项，也没有告知危险点，施工单位在施工中无所顾忌；因此才导致10kV电力电缆短路，致使220kV陇潘变电站10kV五华线线路停电事故。

4. 整改措施

（1）乡镇供电所要加强对用电客户危及电力设

备的内部施工进行现场安全监督，通过台区经理对用电客户危及电力设备的内部施工信息进行提前搜集，由配电营业班班长安排专人到现场进行安全监督，台区经理达到现场后指导用电客户电工做好施工安全措施，同时告知用电客户电工施工危险点，施工人员开工前做好安全培训教育及安全措施交底。如果现场发现施工单位野蛮施工会造成人身触电伤亡事故或损坏电力设备的，台区经理应会同用电客户电工加以制止，如果施工单位不听劝阻，台区经理应通知用电客户电工现场拨打 110 报警，并立即汇报乡镇供电所。

（2）加强自动化运维管理，县供电公司要重新梳理 220kV 陇潘变电站 10kV 五华线线路分段断路器定值设置，现场仔细读取分段断路器定值信息，凡是与 220kV 陇潘变电站 10kV 五华线 62 断路器定值不匹配的，均需按照调度整定计算数据标准进行定值调整，使 220kV 陇潘变电站 10kV 五华线 62 断路器与各级分段断路器定值达到完全配合要求。

二十六、典型案例 26

1. 故障情况

××××年××月××日 09 时 12 分，

110kV 古城变电站 10kV 开平线过流 I 段保护动作跳开 110kV 古城变电站 10kV 开平线 65 断路器，10kV 开平线 65 断路器跳闸后重合不成功，导致 110kV 古城变电站 10kV 开平线线路停电。

2. 原因分析

110kV 古城变电站 10kV 开平线故障发生后，乡镇供电所根据调度命令，立即组织台区经理对 110kV 古城变电站 10kV 开平线进行故障巡视检查，经现场检查发现 110kV 古城变电站 10kV 开平线 9 号杆至 10 号杆之间的 U 相、V 相架空绝缘导线遭雷击断线。10kV 开平线 9 号杆至 10 号杆之间的架空导线为绝缘导线，10kV 开平线 9 号杆至 10 号杆之间的 U 相、V 相架空绝缘导线遭雷击断线后落地经过一段时间，构成 U 相、V 相相间接地短路故障，导致 10kV 开平线 65 断路器跳闸后重合不成功。经现场检查 10kV 开平线 9 号杆避雷器接地引下线发现接地线与接地极的连接螺丝已经松动。对接地极开挖距地面 30cm 处，发现接地装置地埋引接部分严重腐蚀，截面减小 50%。

3. 存在问题

（1）每年雷雨季节 10kV 开平线故障点经常遭

受雷电侵害，雷雨天气容易发生线路落雷故障，线路运维单位从来没有对10kV开平线进行防雷设施改造。

（2）乡镇供电所台区经理在巡视10kV开平线时没有认真仔细地对接地装置进行巡视检查，接地装置地埋引接部分严重腐蚀导致10kV开平线9号杆避雷器不能正常工作，10kV开平线投运前没有认真组织验收，10kV开平线9号杆避雷器接地引下线发现接地线与接地极的连接螺丝已经松动的缺陷长期存在，巡视不到位和验收不标准是导致10kV开平线9号杆至10号杆之间的U相、V相架空绝缘导线遭雷击断线的主要原因。

4. 整改措施

（1）提高10kV新装配电线路接地装置后的验收质量，严格按照设计图纸要求，检查接地线导体规格、导体连接工艺是否达到施工规范要求。对于连接部分采用螺栓夹板压紧的，应检查螺栓夹板接触面压紧是否可靠，螺栓应有防松动的开口垫圈。10kV新装配电线路接地装置连接部分采用焊接的，应检查是否符合规程要求并保证足够的焊接面积。对于接地装置引出地面部分，应使用保护套管。利用金属物体、钢轨、钢管等作为自然接地线时，在每个连接处都应有规定截面的跨接线。对于10kV新装配电线路接地装置，应按规范要求涂刷防腐漆。10kV新装配电线路投运前要完成接地电阻测试，接地电阻值必须小于规定值方可将10kV新装配电线路投入运行。

（2）乡镇供电所要加强台区经理对10kV配电线路接地装置运行中的巡视检查，明确现场检查10kV配电线路接地线与接地极的连接有无松动、脱落、锈蚀现象。检查接地线有无损伤、腐蚀、断股及固定螺栓松动等现象。地埋接地装置有严重腐蚀可能时，应挖开距地面50cm处，检查接地装置引接部分的腐蚀程度。对于人工接地体周围地面，现场检查有无堆放及倾倒有强烈腐蚀性的物质，如果有此类情况发生，应立即汇报乡镇供电所组织处理。

（3）每年雷雨到来之前，乡镇供电所台区经理要对10kV配电线路接地装置摇测接地电阻，发现接地电阻值超过原规定值时应立即进行汇报处理。要对10kV配电线路接地装置进行检查，当发现接地线连接处焊接开裂或连接中断、接地线与电力设备压接螺钉松动、压接不实或连接不良、接地线有机械性损伤、断股、断线以及腐蚀严重（截面减小30%）、地埋件被水冲刷或由于挖土而裸露地面等情况时应作为紧急缺陷立即进行汇报处理。

二十七、典型案例27

1. 故障情况

××××年××月××日19时55分，110kV鲁河变电站10kV雷洲线过流Ⅰ段保护动作跳开110kV鲁河变电站10kV雷洲线66断路器，由于10kV雷洲线重合闸停用，所以10kV雷洲线重合闸不动作，导致110kV鲁河变电站10kV雷洲线线路停电。

2. 原因分析

110kV鲁河变电站10kV雷洲线故障发生后，乡镇供电所根据调度命令，立即组织台区经理对10kV雷洲线进行故障巡视检查，经现场检查发现10kV雷洲线T接的兴安铸造厂配电变压器10kV侧跌落式熔断器着火，经现场消防人员扑救，火源被熄灭。台区经理对着火现场进一步检查发现用电客户在安装跌落式熔断器时不符合规程要求，且10kV跌落式熔断器动静触头长期接触不良，10kV跌落式熔断器长期超负荷用电，导致 10kV 跌落式熔断器动静触头发热产生自燃，着火后引起 10kV 跌落式熔断器相间短路，致使鲁河站 10kV 雷洲线 66 断路器跳闸，由于 10kV 雷洲线主要是电力电缆线路，线路全长 21.1km，其中电力电缆线路是 13.9km，电缆化率是 65.9%，所以 10kV 雷洲线重合闸在“停用”位置，10kV 雷洲线重合闸不动作。

3. 存在问题

（1）用电客户在安装兴安铸造厂配电变压器 10kV 测跌落式熔断器时没有按照设计要求进行，将 10kV 跌落式熔断器各相间安装距离都小于 0.5m，也不符合规程要求。兴安铸造厂配电变压器投入运行后，长期过负荷用电导致 10kV 跌落式熔断器动静触点长期发热产生自燃。

（2）由于 10kV 跌落式熔断器投入运行后，兴安铸造厂操作人员操作不当，致使 10kV 跌落式熔断器动静触点长期接触不良，当 10kV 跌落式熔断器长期超负荷用电时，导致 10kV 跌落式熔断器动、静触头长期发热产生自燃，由于 10kV 跌落式熔断器各相间安装距离小于规程距离要求，导致 10kV 跌落式熔断器相间短路。

4. 整改措施

（1）乡镇供电所指导用电客户在安装跌落式熔断器时应满足产品说明书及电气安装规程的要求，用电客户在安装跌落式熔断器时明确各相间的安装距离应不小于 0.5m。安装的跌落式熔断器应满足熔丝管与垂直线成 15°~30° 夹角，跌落式熔断器熔丝管底端对地面的距离不应小于 4.5m，跌落式熔断器对下方电气设备的水平距离不应小于 0.5m。

（2）乡镇供电所应加强用电客户电工的操作技能培训，指导用电客户电工在操作 10kV 跌落式熔断器时，应一人操作，一人监护，操作人在操作过程中使用合格的绝缘手套、绝缘靴、戴防护眼镜，操作人操作时应站在绝缘垫上，并使用合格的绝缘杆进行操作。操作人在拉合跌落式熔断器时动作要快速、准确且注意不要用力过猛、过大。对于 RW3-10 型跌落式熔断器，拉闸时操作人应往上顶鸭嘴；针对 RW4-10 型跌落式熔断器，拉闸时操作人应用绝缘杆金属钩穿入操作环，令其绕轴向上转动到接近上静触头的地方，稍加停顿，当看到上动触头确已对准上静触头，快速向斜上方推进，使上动触头与上静触头接触良好，并被锁紧机构锁在这一位置，此时，切记不要晃动操作杆，然后轻轻退出绝缘杆。

（3）乡镇供电所应指导用电客户电工加强用电设备的运行维护管理，提高用电客户电工巡视配电设备的质量，建立健全用电客户配电设备巡视岗位责任制，明确巡视责任人，加强巡视检查工作质量的监督、检查与考核，及时发现缺陷及时消除，特别对于设备重、过载或负荷有显著增加，以及设备存在严重缺陷或缺陷有所发展时，应采取措施立即处理。

（4）乡镇供电所台区经理要重点加强存在隐患用电客户配电设备的巡视检查，如果巡视中发现危及电力设施及配电网安全隐患，对责任或产权单位要及时发送书面隐患通知书，对限期不整改的责任者或单位应及时向地方电力管理部门汇报并督促其迅速整改。

二十八、典型案例 28

1. 故障情况

×××× 年 ×× 月 ×× 日 15 时 38 分，110kV 福田变电站 10kV 永河线过流 I 段保护动作跳开 110kV 福田变电站 10kV 永河线 88 断路器，由于 10kV 永河线重合闸停用，所以 10kV 永河线重合闸不动作，导致110kV福田变电站10kV永河线线路停电。

2. 原因分析

110kV福田变电站10kV永河线故障发生后，乡镇供电所根据调度命令，立即组织台区经理对10kV永河线进行故障巡视检查，因为10kV永河线主要是地埋电力电缆，台区经理根据10kV永河线电力电缆路径进行故障巡视检查，经现场检查发现在故障区段（10kV永河线地埋电力电缆穿越福园大道北侧3米绿化带）内有施工人员在路边绿化施工，经询问为电力电缆托管人员，在现场对照图纸确认托管路径与电缆路径有交叉，仔细检查托管机上有电力电缆外皮，通过对现场开挖，发现10kV永河线地埋电力电缆故障点处有短路烧毁痕迹，确认为托管导致电缆损伤引起10kV永河线线路跳闸。故障点在10kV永河线地埋电力电缆穿越福园大道北侧3米绿化带处，周围全部是植被，施工单位是前进水务公司，正在进行文心湖地下水管维修工作，巡视人员进行防外破巡视时，未发现隐藏在植被内的托管机。托管施工单位未与县供电公司联系核实电力电缆走径，施工现场也看不到电力电缆标识桩。由于10kV永河线主要是电力电缆线路，线路全长 10.18km，其中电力电缆线路是 9.07km，电缆化率是 89.1%，所以 10kV 永河线重合闸在“停用”位置，10kV 永河线重合闸不动作。

3. 存在问题

（1）10kV 永河线地埋电力电缆穿越福园大道北侧 3m 绿化带的故障点，周围全部是植被，施工单位是前进水务公司，正在进行文心湖地下水管维修，巡视人员进行防外破巡视时，未发现隐藏在植被内的托管机。巡视人员巡视不到位、不认真，对防外破隐患疏忽大意，没有在电力电缆路径上不留死角地巡视，没有及时发现隐蔽在植被中的托管施工。

（2）托管施工单位在施工前自行进行了管道测量，没有发现地下的电力电缆，托管施工单位也未与县供电公司联系核实电力电缆走径，乡镇供电所在过去设备巡视中曾经发现托管施工单位在施工，由于距离电力电缆非常远，并没有引起重视，明明知道托管施工单位近期经常性施工，也未与托管施工单位主动保持联系，询问是否有施工影响到电力电缆安全运行。

（3）经现场检查，施工现场施工路段电缆标识桩只有一个，且离故障点80m左右，未达到每50m一个标识桩的安装密度。施工人员没有看到电缆标识桩，导致误认为此处没有电力电缆。

（4）通过对故障点现场开挖，发现10kV永河线故障点处的地埋电力电缆沟深不到0.8m，达不到规程规定要求。

4. 整改措施

（1）引入“网格化”护线理念，科学合理地利用社会资源，推行电力电缆通道隐患治理及防外破的群众护线模式。可以采用微信公众号等新媒介发动当地群众护线，为专业护线人员提供全方位信息保证，确保护线质量的稳步提高。依靠当地群众组成的网格员对施工现场进行拍照，凭借手机微信公众号上传信息，乡镇供电所台区经理根据施工现场，对照电力线路的位置和地埋电力电缆路径判断施工是否会导致电力设备故障，如果存在隐患，乡镇供电所台区经理应立即组织赶赴现场监督并制止，待核查隐患属实后，县供电公司可以通过微信红包功能给予群众一定奖励。

（2）与管线单位、辖区内经常动土的施工单位保持联系。县供电公司要定期主动联系管线处、住建局询问自来水、通信、燃气、热力等各单位的联系方式，经常保持电话沟通，互通信息，掌握施工动态。乡镇供电所对辖区内的施工单位宣传电力设施保护条例和外破伤亡事故、外破索赔案例，让施工队伍心有畏惧，养成施工前保持与乡镇供电所联系的习惯，保证施工安全，应主动联系乡镇供电所台区经理到现场测路径，监护施工。

（3）县供电公司应制作一批带有县供电公司联系电话的警示牌，警示牌上应写明在电力设备附近开挖、托管、顶管等施工之前，为保证人身和施工设备安全，应联系县供电公司，在环网箱、T 接箱、电杆、箱变等配电设备上粘贴警示牌，对于新投入运行的地埋电力电缆，施工时每 50m 要在地上安装一个电力电缆标识桩，标识桩上须有联系电话及电力电缆埋深、名称。对现有的电力电缆进行现场实地检查，发现缺少标识桩的，应增加线路护区警示标识，按照规程规定补齐电力电缆标识桩。

（4）地埋电力电缆施工要按照规程规定和设计要求，地沟横断面要保证排线方便，一般是上宽下窄的梯形。地沟的宽度必须满足地埋线在沟底水平布置时电力线之间，以及电力线与弱电线之间的线间距离要求。一般三相动力线路沟底宽度为 0.4m。同时埋设多回线路或有弱电线路时，应经过计算，适当增加沟的宽度，上口宽度不做具体要求，为挖掘方便，可考虑沟底加宽 0.2m。考虑到地面农业机械作业、鼠类活动以及冬季大地冻裂等诸多因素对地埋线可能造成的危害，地沟深度确定为不小于 1.0m。北方寒冷地区，应在冻土层下 20cm，如冻土层深达 1.3~1.4m，则沟深确定为：村屯外 1.7m，村屯内 1.5m，民房、室内 1.0m。穿越公路和河渠地段时，要适当加深，沟底要平直结实。各个区段在沟深达到要求后，要统一清底找平，应无沉陷塌方，无尖硬杂物，并铺放一层 10~20cm 的松软细土或细沙。根据地形需要挖成平滑的斜坡和弧形弯。由于环境地理原因，地沟出现高差时，沟底应挖成平滑斜坡。在线路出现转角的地方，在转角处要挖成弧形弯，其弯曲半径不小于地埋线直径的 15 倍。

二十九、典型案例 29

1. 故障情况

××××年××月××日 07 时 51 分，110kV 连江变电站 10kV 云冈线过流Ⅰ段保护动作跳开 10kV 云冈线 61 断路器，110kV 连江变电站

10kV 云冈线 61 断路器重合成功。

2. 原因分析

110kV 连江变电站 10kV 云冈线故障发生后，乡镇供电所根据调度命令，立即组织台区经理对 10kV 云冈线进行故障巡视检查，经现场检查发现 10kV 云冈线化工支线 12-13J 真空断路器本体爆炸，真空断路器外壳胀开，判定为真空断路器本体内部短路故障。110kV 连江变电站 10kV 云冈线过流Ⅰ段保护动作跳开 10kV 云冈线 61 断路器。

3. 存在问题

（1）真空断路器投运前，用电客户没有对电气设备进行认真验收，致使真空断路器本体存在质量问题。

（2）发生内部短路故障的真空断路器型号为 ZW8-12，属于东方化工材料有限公司用电客户高压设备。该真空断路器投入运行时间太久，由于该用电客户没有按照电气设备规程要求的试验周期对真空断路器进行检修试验和维护，该真空断路器因年久失修导致短路故障发生。

4. 整改措施

（1）提高真空断路器验收标准，新购置设备入库前，必须对设备的各项指标注意检查确认，不合格设备禁止入库使用。接入配电网的真空断路器铭牌能耐风雨、耐腐蚀，保证使用过程中清晰可见。壳体不应出现明显可见锈斑。壳体上应有易观察的、明显的分、合闸位置指示器。真空断路器操动机构应带有反光指示装置。接地点应标有“接地”字样或其他接地符号。接地金属外壳上应有防锈的、导电性能良好的接地螺钉，接地点附近应标有接地符号。真空断路器上应设有易于监视真空开关触头磨损程度的标记。真空断路器除有色金属、热镀锌钢件、抛光或机械加工的表面以外，所有的金属外露部分均应做喷砂清洗，喷砂清洗后应喷涂一层底漆。严格要求厂家的设备出厂质量，出厂前必须进行各项性能测试和出厂试验，没有合格证的产品拒绝入网。

（2）真空断路器是高压配电网络最核心的设备，因此在选用真空断路器时，必须严格遵守 GB 1984—2003《高压交流断路器》、DL/T615—1997《交流真空断路器参数选用导则》等标准。真空断路器的安装应符合安装处的环境条件，尤其是污秽等级应满足环境条件要求。真空断路器的额定电压与所在网络额定电压相同，最高工作电压应与所在网络最高电压一致。真空断路器跳闸、合闸短路电流值应大于或等于所在网络短路电流的计算值。所选配的操动机构应与操动的真空断路器及其负荷等级相匹配。一般情况下室外应选用真空断路器弹簧操动机构。选用国家质量认证的产品，且必须附有各种试验说明书和安装使用说明书。

（3）真空断路器在投入配电网运行之前，必须进行各项性能测试，且达到规程标准要求，真空断路器在投运前应测量分、合闸速度，通过测量分、合闸速度，可以及时发现真空断路器内部存在的问题，提前加以处理。真空断路器在配电网运行中必须定期检查灭弧室管内的真空度，真空断路器接入配电网运行 3 年左右的时间就要进行一次工频耐压试验（42kV）。当真空断路器动、静触头保持额定开距的条件下，如果耐压值很低，再经多次放电后，耐压值仍然达不到规定耐压标准，就说明真空灭弧室真空度已严重下降，已不能继续使用，必须进行更换。

三十、典型案例 30

1. 故障情况

××××年××月××日 02 时 04 分，110kV

武城变电站 10kV 北路Ⅱ线过流Ⅰ段保护动作跳开 10kV 北路Ⅱ线 69 断路器，10kV 北路Ⅱ线重合不成，导致 110kV 武城变电站 10kV 北路Ⅱ线线路停电。

2. 原因分析

110kV 武城变电站 10kV 北路Ⅱ线故障发生后，乡镇供电所根据调度命令，立即组织台区经理对 10kV 北路Ⅱ线进行故障巡视检查，经现场检查发现 110kV 武城变电站 10kV 北路Ⅱ线 7 号杆 T 接凤凰运输公司 10kV 配电变压器绕组绝缘击穿后三相短路，虽然 10kV 配电装置保护动作正确，但其高压侧断路器因操作机构故障没有将 10kV 配电变压器高压侧断路器跳闸，越级跳开 110kV 武城变电站 10kV 北路Ⅱ线 66 断路器，由于凤凰运输公司 10kV 配电变压器绕组绝缘击穿三相短路是永久故障，所以 10kV 北路Ⅱ线 66 断路器跳闸后重合不成。

3. 存在问题

（1）10kV 配电变压器绕组绝缘击穿后发生三相短路，虽然 10kV 配电装置保护动作正确，但因其高压侧断路器因操作机构故障没有将 10kV 配电变压器高压侧断路器跳闸，经台区经理现场检查，用电客户没有按照配电设备检修规程要求对高压断路器进行定期检修，高压侧断路器操作机构长期存在缺陷运行导致故障发生时未能动作。

（2）用电客户要对10kV配电变压器的运行维护管理流于形式，没有对配电变压器进行认真巡视检查，没有试验周期对10kV配电变压器进行定期预防性试验。配电变压器长期带缺陷运行是导致10kV北路Ⅱ线66断路器跳闸后重合不成的主要原因。

4. 整改措施

（1）乡镇供电所台区经理应加强对用电客户电气设备安全管理及运行状况的用电检查，对超出预防性试验周期、拒绝按照试验周期或规定项目试验的用电客户，应下达《用电检查结果通知书》，限期进行试验。用电客户对接入电力系统运行的配电变压器按照规程规定定期进行绝缘预防性试验，明确配电变压器在安装投运前必须进行交接试验，配电变压器的试验项目有：①测量变压器绕组连同套管的直流电阻，并与同温度下产品出厂实测数值比较，相应变化不应大于2%；②测量绕组的绝缘电阻和吸收比，绝缘电阻不应低于出厂值的70%，吸收比应大于1.3；③测量绕组连同套管的泄漏电流，测量结果与出厂数据相比较，应无显著变化；④测量配电变压器绕组以及套管的介质损失角正切 tanδ，测出的数据与配电变压器出厂数据比较应不大于原始数据的 130%；⑤测量配电变压器穿芯螺栓绝缘电阻，一般要达到 10MΩ 以上；⑥测量油箱和散热器油压，对于波状油箱和有散热器油箱，其压力应比正常压力增加 0.3m 油柱，并进行油压试验 15min 无渗油现象，进行绝缘油耐压试验，并合格；⑦进行配电变压器空载和短路试验，测得数据应符合设计和制造厂规定。进行配电变压器油的气相色谱分析，各项数据应符合要求。根据配电变压器检修周期，完成计划检修任务。

（2）用电客户要加强配电变压器的运行维护管理，要定期对配电变压器进行检查巡视，检查配电变压器油枕内和充油套管内的油色、油面高度是否正常、外壳有无渗漏油现象。检查配电变压器套管是否清洁，有无破损、放电痕迹及其他现象。检查配电变压器的声音有无异常及变化。检查配电变压器上层油温（一般不超过 85℃），检查其油位高低是否符合标准线。检查防爆管的防爆膜是否完好。检查配电变压器的散热器、风扇是否有不正常响声或停转的现象，各散热器的阀门应全部打开。检查配电变压器的呼吸器内吸湿剂是否变色。检查配电变压器外壳接地是否良好，接地线有无断裂和锈蚀现象。

（3）用电客户要按照配电设备检修规程要求，对高压断路器的操动机构进行定期检修检查。利用高压断路器检修时间检查其操作机构动作是否灵活、是否到位，有无卡阻现象，操动机构有无变形现象，传动机构连接销是否有脱落，操作机构各部件是否生锈，并且要进行断路器传动试验，三相分合闸必须同期。

三十一、典型案例 31

1. 故障情况

××××年××月××日 10 时 55 分，110kV 南坪变电站 10kV 城中线Ⅰ段保护动作跳开 10kV 城中线 82 断路器，10kV 城中线重合闸停用，导致 110kV 南坪变电站 10kV 城中线线路停电。

2. 原因分析

110kV 南坪变电站 10kV 城中线故障发生后，乡镇供电所根据调度命令，立即组织台区经理对 110kV 南坪变电站 10kV 城中线进行故障巡视检查，现场检查发现 10kV 城中线集贤路 102 环网柜内13间隔T接到环城装饰材料城的10kV电力电缆被中豪建工挖基坑挖断。施工方为中豪建工，现场施工管理混乱，现场施工开始后临时更换现场工作负责人，由钻机施工负责人负责挖机工程，原工作负责人与新的临时工作负责人交接告知不清楚、不全面，没有详细告知10kV城中线集贤路102环网柜内13间隔T接到环城装饰材料城的10kV电力电缆带电运行，新更换的临时工作负责人在不清楚现场实际的情况下开始指导现场施工，挖基坑时挖断10kV城中线集贤路102环网柜内13间隔T接到环城装饰材料城的10kV电力电缆，导致110kV南坪变电站10kV城中线线路停电。因为10kV城中线电力电缆化率为89%，所以10kV城中线重合闸在“停用”位置，10kV城中线重合闸不动作。

3. 存在问题

（1）乡镇供电所对防外破管理不到位，没有派专人在现场进行值守，没有与施工方对接好，对施工现场新更换的临时工作负责人乡镇供电所也不清楚，乡镇供电所也没有通过电话和微信时刻与施工现场工作负责人保持联系。导致现场盲目施工挖断电力电缆。

（2）通过故障巡视后发现，该电力电缆通道是混凝土地面，没有埋设标识桩，因路面脏污，喷刷的警示漆也不明显，暴露出乡镇供电所对日常巡视工作流于形式，巡视人员检查不仔细，责任心不强，多次巡视该区域时面对防外破标识缺失无动于衷，未及时补加、喷涂。没有对电力电缆通道所做的警示标志进行检查督导，也没有组织及时采取有效的更正措施，导致该电力电缆通道出现防护盲区。

4. 整改措施

（1）乡镇供电所要建立电力设备施工现场值守管理制度，派专人现场不间断值守，严防死守。值守人员通过电话和微信时刻与乡镇供电所保持联系，值守人员要对现场施工人员提前做好安全培训教育，安全交底。对于危险源的施工值守人员，应严格遵守纪律，在确保安全的情况下，方可在监护指导下进行施工。如施工单位不听劝阻，值守人员应现场拨打110 报警，直至停止危险施工。

（2）电力电缆线路本体应设置电力电缆标识牌，电力电缆标识牌上应注明线路名称、电力电缆长度、电力电缆型号、起止点、敷设时间、施工单位等信息。标识牌应规格统一、挂装牢固、防腐抗老化，字迹应清晰不易脱落。电力电缆通道应在过路管、顶管两端工井处、电力电缆排管电力电缆井处、电力电缆隧道安全孔（入孔）处设置电力电缆标识板、电力电缆桩等通道标识，标明电力电缆走径。电力电缆通道每块标识桩安装间距一般不大于 50m，在转弯工井、进入建筑物处宜增加埋设。电力电缆标识牌应采用扎带等非导磁、耐腐蚀材料牢固固定，在电力电缆敷设或电力电缆头安装到位后立即安装。电力电缆线路的中间头、预留段及其他重要部位应装设射频码标签，朝向工井井口，便于读取识别。

（3）电力电缆线路宜在下列部位装设电力电缆标识牌：①电力电缆终端及电力电缆中间接头处；②电力电缆终端头标识牌应绑扎在电力电缆终端头三芯指套下方，电力电缆中间头标识牌应绑扎在电力电缆中间接头两端位置；③电力电缆转弯、分支，以及进入建筑物等处；④电力电缆隧道、电力电缆沟内敷设时，电力电缆直线段市区每隔 15m 处，农村每隔 50m 处；⑤电力电缆井中经过的电力电缆均应设标识牌，当电力电缆井长度为 3m 及以上时，两端各设一块，当电力电缆井长度为 3m 以下时，可设一块；⑥竖井中敷设的电力电缆，在竖井两端处；⑦电力电缆遇有隔断处两侧；⑧电力电缆上墙或上杆处，宜绑扎在电力电缆保护管封堵口上方且距地面不小于2.5m 处安装设备标识牌，设备标识牌要安装在明显位置，便于巡视。